生命之上
——探索人类基因组奥秘

[英] 梅丽塔·艾文 著

刘月 译

中国纺织出版社有限公司

原书名：DNA——Human Genome Manual

原作者名：Melita Irving

Originally published in English by Haynes Publishing under
the title：DNA Human Genome Manual written by Dr Melita
Irving© Melita Irving 2019

著作权合同登记号：图字：01－2020－4154

图书在版编目（CIP）数据

生命之上：探索人类基因组奥秘／（英）梅丽塔·
艾文著；刘月译. －－北京：中国纺织出版社有限公司，
2021.5

ISBN 978-7-5180-8093-9

Ⅰ. ①生… Ⅱ. ①梅… ②刘… Ⅲ. ①人类基因—基
因组—研究 Ⅳ. ①Q987

中国版本图书馆 CIP 数据核字（2020）第 207574 号

责任编辑：闫　婷　郑丹妮 责任校对：王蕙莹
责任印制：王艳丽

中国纺织出版社有限公司出版发行
地址：北京市朝阳区百子湾东里 A407 号楼　邮政编码：100124
销售电话：010—67004422　传真：010—87155801
http://www.c-textilep.com
中国纺织出版社天猫旗舰店
官方微博 http://weibo.com/2119887771
北京华联印刷有限公司印刷　各地新华书店经销
2021 年 5 月第 1 版第 1 次印刷
开本：787×1092　1/16　印张：10.75
字数：208 千字　定价：98.00 元

致我的母亲朱莉娅，她是我一半DNA的来源

With thanks to the following agencies for permission to use their images:

Alamy; p82.
Getty; pp 66, 69b, 72, 106t, 106b, 112bl, 113bl, 113br, 116b, 118, 119b, 120, 137.
Science Photo Library; pp4 repeated 59, 5 repeated 36, 8t, 8b, 10, 11, 12, 13t, 13b, 15t, 18t, 18b, 19, 23t, 23b, 26,
    28, 31b, 34, 35, 39, 42, 43, 45, 46, 50b, 54, 55, 56, 60, 64t, 64b, 77b, 78, 81, 84, 86, 87, 88, 89, 90, 92, 102, 105,
    116t, 117, 134, 135, 138, 140, 141, 142, 143, 145, 147, 149, 150.

生物学是有史以来最强大的技术之一。DNA是软件，蛋白质是硬件，细胞是工厂。

——阿尔温德·古普塔

作者和出版者已尽最大努力确保本书所提供的资料准确无误，但仍有可能存在不足或不妥之处，诚挚欢迎读者批评指正。

致谢

我要感谢在这本书的撰写过程中为我提供学术帮助的人们：哈佛大学的安德鲁·贝里博士帮我理解进化生物学，牛津大学的安德鲁·威尔基教授为我解释育龄效应，伦敦医学院的路易斯·莱斯德博士为我提供肿瘤遗传学方面的知识，同样来自伦敦医学院的谢赫拉·穆罕默德博士帮我选择本手册中包含的主题，她的支持和友谊是我最珍视的。

在此特别提及我在伊芙琳娜伦敦儿童医院的同事——谢谢他们在我撰写这本书的时候给予我的包容和理解。感谢我的孩子乔治娅和迈尔斯，激励我，给我灵感，很多灵感在这本书中有迹可循。还要感谢杰西的爱和鼓励。我很幸运遇到了你们。

最后，感谢海恩斯组稿编辑乔安妮·瑞萍，给予我耐心的指导和信心，尤其在艰难的时候，我的朋友和经纪人，格雷厄姆·莫·克里斯蒂事务所的珍·克里斯蒂给了我这次机会，杰出文字编辑朱迪·勃朗特对作品施展魔法。在此向你们表示深深的感谢。

目录

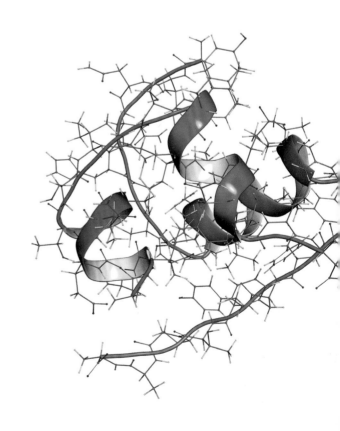

第一章

DNA发现史

在开始讲述DNA的发现史之前，首先不得不承认许多先驱科学家做出的伟大贡献，他们的工作极具前瞻性。通过他们的发现，我们知道DNA呈双螺旋的形式——粗略地讲：是两条遗传数据链通过互补保持相互缠绕的状态。DNA在细胞核内发现，通过超螺旋形成的结构称为染色体。它包含基因，即遗传单位；它保存了我们的遗传代码。但是这些相关的知识并没有立即为我们所知，它是经过数百年的探究才被人类所发现，并且人类对它的学习至今仍在继续。为了了解DNA的历史及其重要性，首先我们必须了解我们的细胞内部，因为它是DNA生存和运作的场所。

细胞

人类拥有数万亿个细胞，这是构成人体组织的微小生命单元。有200种不同的细胞类型，所有细胞类型均具有与其功能相关的不同特征。细胞只有25微米，只有人类头发的一半宽度，它是如此之小，以至于我们只能在显微镜下才能看到它。

1665年，英国物理学家罗伯特·胡克（Robert Hooke，1635—1703）发现，细胞本身是由甚至更小的业单位（称为细胞器）组成的。作为细胞内的生物工厂，这些亚单位以许多不同的方式共同发挥作用，使我们保持生命。

细胞器，细胞质和细胞核

漂浮在细胞质的凝胶状填充物中，细胞器只有借助扫描电子显微镜的设备，才能看见其具体细节，该设备可以将图像放大至原始大小的500,000倍。细胞质是水、盐和蛋白质的混合物，是细胞制造部门（称为内质网和高尔基体的细胞器）以及细胞能量工厂（线粒体）的所在地。它也是细胞核的所在地。尽管不是严格意义上的细胞器，但细胞核是细胞的执行中心，是细胞几乎所有活动的驱动器。

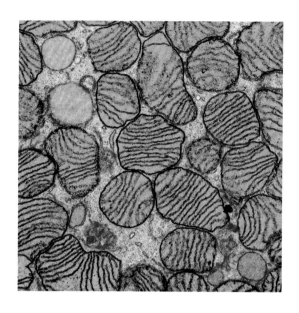

▲ 细胞中的多个线粒体，由电子显微镜捕获的细节图。

人类细胞

人体细胞内存在细胞器。细胞的核心是充满DNA的细胞核。蛋白质工厂内质网和高尔基体，以及线粒体位于周围的细胞质中，为细胞产生能量。

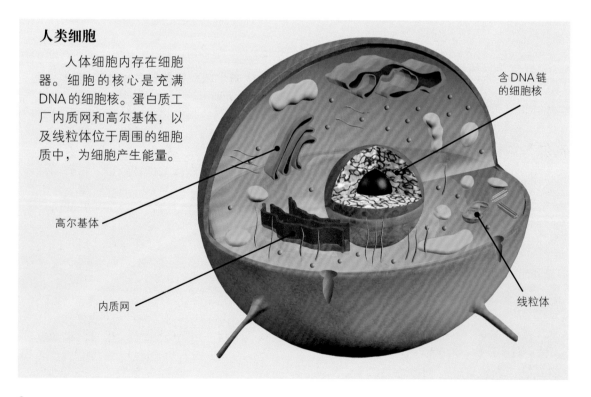

含DNA链的细胞核

高尔基体

内质网

线粒体

细胞核

最早发现的细胞亚单位是细胞核，它是1719年由著名的显微镜先驱安东尼·范·列文虎克（Antonie van Leeuwenhoek，1632—1723）在检查鲑鱼的血细胞时观察到的。后来于1831年，苏格兰植物学家罗伯特·布朗（Robert Brown，1773—1858）进一步描述了细胞核，他是在研究兰花时观察到了它。当时，两位科学家并不了解他们的发现所具有的真正意义，直至今天，我们才知道细胞核是DNA的家，通过遗传密码为体内的每个细胞提供了生命所必需的蓝图。

细胞核具有膜，核膜将其与细胞的其余部分分隔开。核膜的表面点缀着核糖体，像微小的螺柱。它们将遗传密码中保存的信息传达给其他细胞器，包括内质网，这正是蛋白质的制作场所。

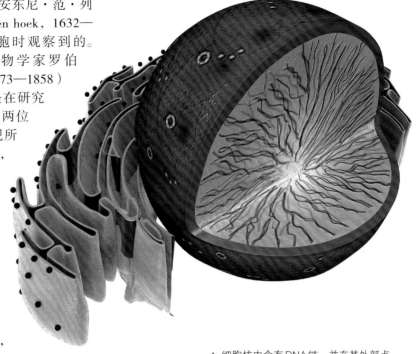

▲ 细胞核中含有DNA链，并在其外部点缀着微小的核糖体，从而将遗传密码传递至内质网。

内质网

内质网（ER）是组装蛋白质，构成生命的基础。因此，它必须靠近细胞核——存放指令手册的地方。ER是一个隧道网络，在该隧道中蛋白质被构建、调整和修饰，从而使蛋白质能用于特定目的。然后，ER与细胞的另一部分直接进行交流，即高尔基体，进行下一部分修饰，并将蛋白质转移到需要的位置。

高尔基体

蛋白质在ER中制备完成后，被转运到另一个连接的细胞器——高尔基体中。在这里，蛋白质经过精细处理和包装，然后发送到最终目的地，有点像包裹运送服务。

线粒体

没有燃料，我们的身体什么也不会发生。在一个细胞中，另一个细胞器——线粒体（复数线粒体）是发电站，是每个细胞产生最大输出所需能量的提供者。细胞质内含有1,000~2,000个线粒体。具有较高能量需求的细胞（例如肝和心肌内的细胞）具有更多的线粒体。

mtDNA

每个线粒体都包含自己的DNA，与细胞核内DNA不同的单条环状链。它同样具有独立生存和运行所需的大部分细胞机器。在这方面，线粒体类似于细菌和病毒等单细胞生物（微生物）。微生物入侵感染宿主细胞后迅速工作，在细胞的保护机制将其识别为异物并破坏它们之前，靠自身的机制不断复制并转移到下一个宿主。

一些资料表明，线粒体最初是入侵细菌的，经过数百万年的进化，它以某种方式逃脱了我们细胞的寻找——消灭的机制。从理论上讲，线粒体的前身与我们的细胞和谐共处，细胞为它们提供了必需的能量和自我复制的能力。结果，机体将这些入侵者当作自身携带的细胞器。

染色体

染色体是细胞核内发现的结构。实际上，它们是紧密缠绕的DNA链，由称为组蛋白的特殊蛋白质所缠绕。

我们每个人总共应该有46条染色体：23条来自我们的母亲，23条来自我们的父亲。染色体可以进一步细分为常染色体和性染色体。尽管染色体是位于细胞核内部的微小结构，但我们可以在实验室的显微镜下使用诸如染色体核型分析等技术看到它们。

核型分析

核型分析或染色体核型是一种对人体染色体进行数量计算、大小评估和形状研究的测试。结果描述称为核型：通常是46，XX或46，XY，分别是正常的雌性和雄性的染色体核型。异常结果可能是某些遗传病症的原因，例如唐氏综合症（21–三体综合征），当一个人拥有多余的21号染色体时，就会出现全部或部分细胞含有47个而不是46个染色体的情况。

研究染色体的科学家称为细胞遗传学家。他们使用标准的血液样本，专门研究生命周期处于中期（即染色体最明显的阶段）的白细胞的细胞核（有趣的是，红细胞没有核，因为它们在成熟时会从细胞中弹出）。细胞遗传学家使用一种特殊的染料吉姆萨（Giemsa）来制造明显的条纹图案，称为G带，这是每一种类型的染色体所特有的。每个染色体的结构以短臂（p臂）和长臂（q臂）为基础，呈现不同的结构。以条带图谱和p臂、q臂为起点，细胞遗传学家可以检查染色体异常。

通过核型分析技术，我们知道了不同类型的染色体，即常染色体（1~22号染色体）和性染色体（X和Y）。这个区别非常重要，因为这种差异也反映在它们包含的DNA的基因中。

常染色体

男性和女性存在相同的染色体。根据它们的大小编号为1到22号，其中1号染色体是基因最多和最长的。这些染色体的大小逐渐变小，因此22号染色体最短，并且基因最少。男性和

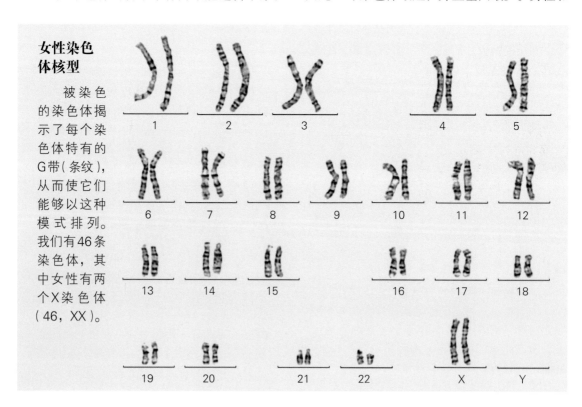

女性染色体核型

被染色的染色体揭示了每个染色体特有的G带（条纹），从而使它们能够以这种模式排列。我们有46条染色体，其中女性有两个X染色体（46，XX）。

1 2 3 4 5

6 7 8 9 10 11 12

13 14 15 16 17 18

19 20 21 22 X Y

女性的22对常染色体全部完全相同，因为我们从母亲那里继承了一组，而另一组从父亲那里继承。每一组都通过创造我们的卵子和精子传递给我们。这就是我们从父母双方遗传基因的方式。

与普遍的看法相反，单个染色体并不完全负责特定的身体器官。例如，第10号染色体不是心脏染色体，第19号染色体也不是负责大脑的。染色体明显以随机的方式分布我们的基因。这使得预测染色体异常效应出现困难，除非它像唐氏综合症那样反复发生。

性染色体

因此，如果常染色体给我们44条染色体，我们仍然需要另外两条染色体（另一对）给我们完整的46条染色体。这就是性染色体X和Y存在的意义。女性有两条X染色体（46，XX），男性有1条X染色体和1条Y染色体（46，XY）。母亲始终给她的婴儿提供一个X染色体。当父亲也提供X染色体时，婴儿就是女孩。当父亲提供自己的Y染色体时，婴儿就是男孩。

X染色体包含约800个基因。相比之下，Y染色体只含有约70个基因，包括了所谓的性别决定基因，即决定了某人成为男性。那么，如果X染色体携带这么多重要基因，男性是如何

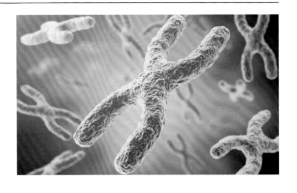

只用一个X染色体起作用的呢？英国遗传学家玛丽·里昂（Mary Lyon）（1925—2014）发现，女性胚胎实际上会关闭其中一个X染色体，并且仅使用其中一个X染色体来发挥作用。为了纪念玛丽，这种关闭过程称为里昂化。X染色体，或来自母亲或来自父亲，会在细胞中以随机的方式失去作用。

因此，只含有一个X染色体完全可以生存。这种状况不仅体现在男性身上，而且患有特纳氏综合症（45，X——缺少第二个性染色体）的女孩也表现的非常健康。但是，不可能仅靠Y染色体生活，当发生这种情况时会直接导致怀孕期间流产。

男性染色体核型

男性与女性有相似的染色体，共享相同的常染色体（染色体1~22），但是在性染色体上存在差异。男性有一个X染色体和一个Y染色体（46，XY）。

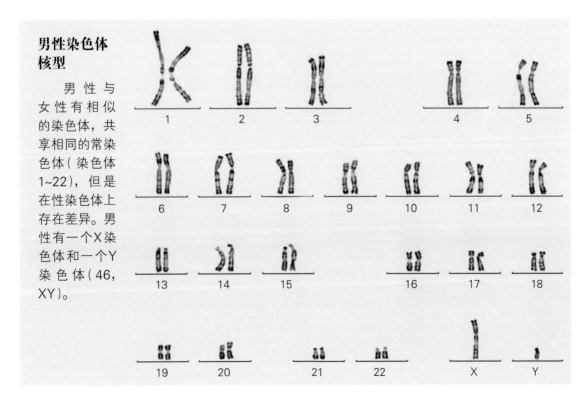

细胞分裂

从精子与卵细胞受精的那一刻起，细胞开始分裂，从现有的细胞产生新的细胞。胚胎的细胞迅速发生分裂，因此胚胎迅速地成长为胎儿，一个小小的人类，形成内部器官和身体系统，包括组成特殊类型细胞的组织。这些早期发育过程是由遗传密码控制的。出生后，还有另一个快速生长时期，新的细胞通过反复的细胞分裂不断形成。这种分裂和繁殖系统以两种形式发生：有丝分裂和减数分裂。

有丝分裂

在有丝分裂过程中，两个母细胞由一个母细胞形成。新细胞是原始细胞的精确副本，甚至精确到染色体内部的DNA。新细胞中的DNA必须每次都得到准确的复制，以确保不会引入任何可能改变遗传密码的错误。

有丝分裂发生在整个生命中，旧细胞分裂产生新细胞，不断更新和补充存量。两个子细胞都含有与母细胞相同数量的染色体。新的细胞被称为二倍体，即两个互补的集合（共46条染色体）。

减数分裂

减数分裂也称为"还原分裂"，与有丝分裂不同，因为它的目的是将子细胞的染色体数目减半。这对健康的"配子"至关重要，而"配子"是生殖所必需的细胞：即我们的卵细胞或精子。经过两次独立的细胞分裂后，只有一个染色体组，而非两个染色体组（1~22），以及一个性染色体（X或Y），总共提供了23条染色体（单倍体）。在减数分裂发生之前，属于同一对的染色体彼此并排排列，并在遗传重组中交换物质。这样可以确保孩子的染色体并不完全与父母的染色体相同，而是重新的组合：即在新的独特的遗传密码产生一个新的独特的人类之前，混合下一代的遗传信息。

有丝分裂

有丝分裂是细胞分裂的过程，通过核分裂产生两个相同的新细胞。细胞经过许多不同的阶段进行染色体的复制，并将新的拷贝与原始的拷贝分开，使其分布到细胞相对的两极。然后细胞的中间缢裂形成两个新的细胞，每个细胞都包含完整的染色体。

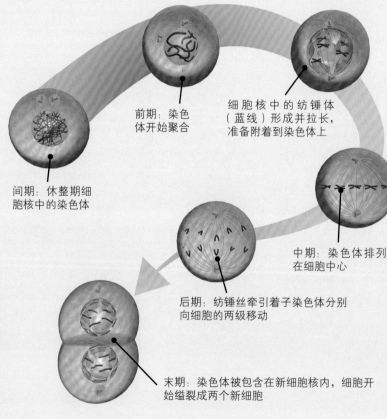

前期：染色体开始聚合

细胞核中的纺锤体（蓝线）形成并拉长，准备附着到染色体上

间期：休整期细胞核中的染色体

中期：染色体排列在细胞中心

后期：纺锤丝牵引着子染色体分别向细胞的两级移动

末期：染色体被包含在新细胞核内，细胞开始缢裂成两个新细胞

▼ 细胞分裂后期，形成两个子细胞，每个子细胞与原始细胞完全相同

减数分裂

　　减数分裂也被称为还原分裂，因为细胞中的染色体数量减少了一半，从46条减少到23条。减数分裂是制造卵子和精子的过程。像有丝分裂一样，染色体分离并移动到细胞相对的两极，但这个过程并不进行染色体复制。取而代之的是，每一个染色体与其相对的染色体结合发生交叉互换，形成的新的染色体最终出现在卵子或精子中。

1 减数分裂1：染色体复制

2 同源或相同数目的染色体彼此对齐并交叉互换遗传物质

3 纺锤体排列在细胞中心并附着在染色体上，将染色体拉开

4 染色体被纺锤体牵拉到细胞的相对极，从而可以形成两个新的子细胞

5 减数分裂2：在两个新的子细胞中，新的纺锤体形成并附着在染色体的单独臂上（染色单体）

6 纺锤体将染色单体拉到细胞的相对极，然后分裂形成两个新的细胞，从减数分裂1开始，总共形成四个新的细胞

21三体征

　　减数分裂过程不是安全的。尽管细胞核进行了安全检查，但还是会发生染色体失衡的错误。可以说，由染色体失衡引起的疾病中，最著名的例子就是唐氏综合征。患有唐氏综合征的人，其21号染色体不是两个（二体性），而是三个（三体性）。这是因为在减数分裂产生卵细胞的过程中发生了错误。我们知道，对于这个特殊的卵细胞，它的第21号染色体对并没有分离和减少，导致产生的卵细胞具有两个21号染色体，而不是一个。如果卵巢释放出包含这两个21号染色体的卵细胞，并与一个精子（本身包含1个拷贝）受精，则胚胎最终将获得3个拷贝——21三体综合征。

　　在减数分裂阶段也可能发生结构的重排和改变。在这些重排中有易位，易位指染色体的各部分相互交换位置。如果染色体没有任何方式的改变，则称为平衡易位。但是，如果染色体发生缺失或多余，则称为染色体失衡，这通常具有破坏作用。接下来，还会导致流产或产下先天性异常、明显的生长障碍或认知发育延迟的婴儿。怀孕期间进行血液检查和超声扫描的例行检查，目的就是检查此类意外事件。

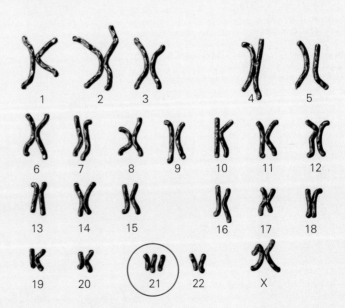

遗传

遗传是指性状的代代相传，现代遗传学之父格雷戈尔·孟德尔（Gregor Mendel，1822—1884）对这种现象进行了详尽的描述，尽管直到他去世后他的工作才有意义。孟德尔是捷克共和国布尔诺圣托马斯奥古斯丁修道院的修道士。他在那里生长并研究了普通的植物豌豆（Pisum sativum）。他以不同的组合方式对植物进行杂交，观察并记录了植物的不同特征，例如种子的颜色和形状、茎长、茎上花的位置以及豌豆荚的颜色。他对这些性状仔细地观察了几代，以至于他能够确定所观察到的性状类似于一种亲本或另一种，而不像他之前设想的那样是两个亲本的融合。例如，他注意到种子具有相同的性状，表现为褶皱的或光滑的，而不是混合的。此外，他观察到某些性状以不同于其他性状的方式遗传下来。

在八年的时间里，他对豌豆植物进行了实验，旨在确定这是如何发生的。他于1865年发表了自己的发现，得出的结论是：有三项"定律"决定了性状的遗传方式，即优势定律、分离定律和自由组合定律。

优势定律

在优势定律中，一个性状（显性性状）抑制了另一个性状（隐性或劣势性状）。当孟德尔将具有红色花朵的纯种植物与具有白色花朵的纯种植物杂交时，所有后代植物都呈现红色花朵，这表明红色花朵是显性性状，而白色花朵是隐性性状。

分离定律

根据分离定律，父本母本仅将一个基因（或等位基因）遗传给后代。在上一个例子中，指的是红色花朵或白色花朵的性状。产生一个

孟德尔遗传

孟德尔在实验中使用了黄豌豆和绿豌豆，证明杂交第一代中仅产生了黄色豌豆（显性），但是当这些杂种豌豆杂交后，绿豌豆和黄豌豆的比例为1:4。通过杂交实验证明，豌豆的其他显性（R）和隐性（r）性状也表现出明显的遗传变异。

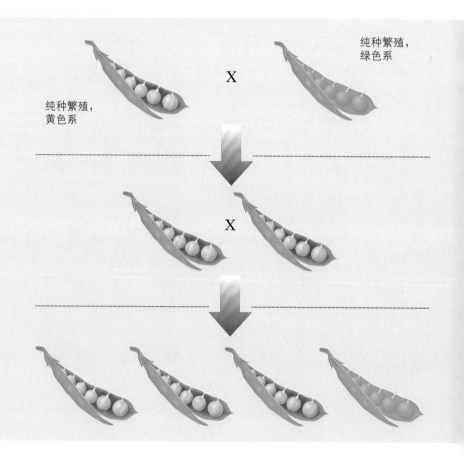

纯种繁殖，黄色系

纯种繁殖，绿色系

性状的等位基因不会影响另一个等位基因的表达，这支撑了他的第三个原理，即自由组合定律。

自由组合定律

在一组混合或杂交实验中，孟德尔仔细观察了红色和白色的花朵。通过杂交受精培育出的纯种植物中，他得知一组植物中的所有等位基因都是红色的，而另一组中所有的等位基因都是白色的。他为这些植物指定了缩写RR（全红色）和rr（全白色）名称，其中大写字母表示显性基因，小写字母表示隐性基因。

当将这些纯种植物一起杂交时，他观察到下一代的红色花朵和白色的花朵的数量是三比一，表现为红色更有优势。他使用以下系统指出了这一点：RR（植物遗传了两个显性R等位基因），Rr（植物遗传了一个显性等位基因和一个隐性等位基因），rR（植物遗传了一个隐性等位基因和一个显性等位基因）和rr（植物遗传了两个隐性等位基因）。只有rr花不受R等位基因的影响，呈现白色。

▲ 格雷戈尔·约翰·孟德尔

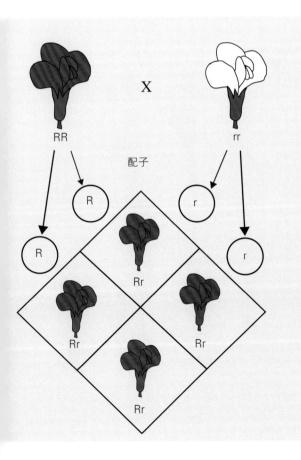

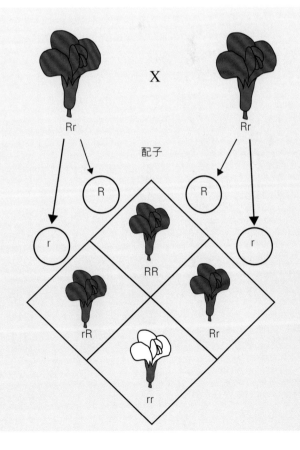

我们可以将这个实验描绘为庞尼特氏方格,以雷金纳德·庞尼特(Reginald C Punnett,1875—1967)的名字命名,他是最早设计这种视觉表示形式的生物学家。它表明红色相对于白色占主导地位(定律一,优势),白色和红色性状作为单独的性状遗传(定律二,分离),并且一个性状向下一代的传播不受另一个等位基因的影响,例如种子的褶皱性状(定律三,自由组合)。

配子和结合性

从孟德尔的研究中可以明显看出,必须有专门负责的细胞将遗传信息传给下一代。我们称这些细胞为配子。在人类中,它们是卵细胞和精子。出现在后代的不同等位基因的组合,RR、Rr或rr,称为结合子。如果两个等位基因相同,如RR和rr,则纯合性相同或纯合。对于Rr,等位基因不同,它们是杂合的。

遗传规律

孟德尔的工作是我们今天理解遗传规律的基础。现在我们得知,他观察到的遗传,即性状从一代传给下一代,实际上是一个基因。如今,遗传学家构建了家谱,通过寻找线索来揭示特定性状或疾病是如何传播的,无论是常染色体或性别相关的(取决于他们发现的基因所在的染色体位置)以及显性的或隐性的(与性状的抑制力有关,足以超过其他等位基因)染色体。

孟德尔遗传模式有四种:常染色体显性遗传和常染色体隐性遗传,以及X连锁显性和X连锁隐性。由于线粒体也包含DNA,因此也存在线粒体遗传,从理论上讲,通过Y连锁遗传,父亲可以将Y染色体性状遗传给儿子,这意味着存在八种不同的遗传模式。

▶ 在人类中,配子是卵细胞和精子,这是我们将基因传递给后代的方式。

▼ 常染色体和性相关基因的遗传模式。

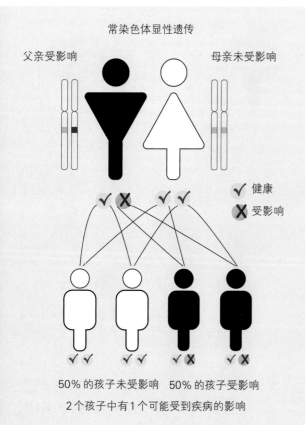

常染色体显性遗传

父亲受影响　　　　母亲未受影响

✓ 健康
✗ 受影响

50%的孩子未受影响　　50%的孩子受影响

2个孩子中有1个可能受到疾病的影响

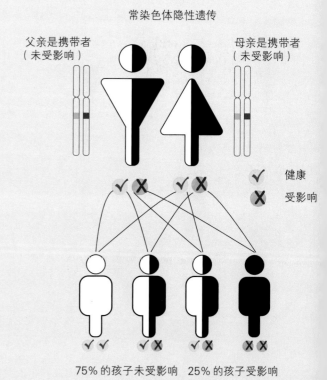

常染色体隐性遗传

父亲是携带者（未受影响）　　　　母亲是携带者（未受影响）

✓ 健康
✗ 受影响

75%的孩子未受影响　　25%的孩子受影响

4个孩子中有1个可能受到疾病的影响

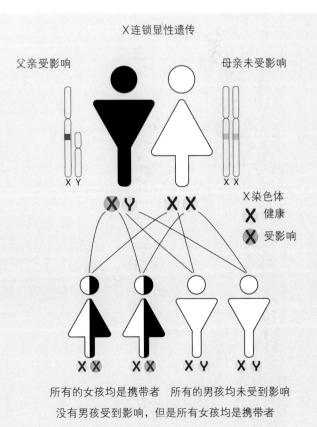

X连锁隐性遗传	X连锁显性遗传

所有女孩均受到影响　　50%的男孩受到影响

2个男孩中有1个可能受到疾病的影响

所有的女孩均是携带者　　所有的男孩均未受到影响

没有男孩受到影响，但是所有女孩均是携带者

基因

荷兰植物学家雨果·德弗里斯（Hugo de Vries，1848—1935）正确地计算出，孟德尔观察到的遗传性状是以颗粒的形式传递。当他在1900年发表自己的成果时，德弗里斯将这些颗粒称为"基因"。随后，在1909年，英国生物学家威廉·贝特森（William Bateson，1861—1926）将孟德尔的开创性著作《植物杂交实验》（Versuche über Pflanzenhybriden，1865年）翻译成英文时，他将遗传学称为"基因学"。

DNA

最初，科学家认为遗传是通过蛋白质传递的。脱氧核糖核酸（DNA）是基因中发现的可遗传的物质，这来自三位美国科学家的工作，他们分别是奥斯瓦尔德·埃弗里（Oswald Avery，1877—1955），科林·麦克劳德（Colin MacLeod，1909—1972）和麦琳·麦卡蒂（Maclyn McCarty，1911—2005）。他们使用一种细菌，即肺炎链球菌进行了实验，结果表明，在热灭活的毒株中存在某种物质，可以将非毒力菌株转化为致命菌株，即所谓的转化原理。事实证明，这个"某种物质"就是DNA，并打破了蛋白质负责遗传的理论。

▲ 罗莎琳·富兰克林

◀ 詹姆斯·沃森（左）和弗朗西斯·克里克（右）。

DNA分子（蓝框）

DNA是由两个链组成的双螺旋结构，每个链均由糖和磷酸构成骨架，并通过核苷酸碱基腺嘌呤（A），胞嘧啶（C），鸟嘌呤（G）和胸腺嘧啶（T）相互连接，从而形成双螺旋结构。

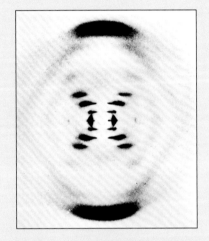

▲ 照片51是X射线通过DNA散射到照相板上的图像。它导致人们发现DNA是双螺旋。

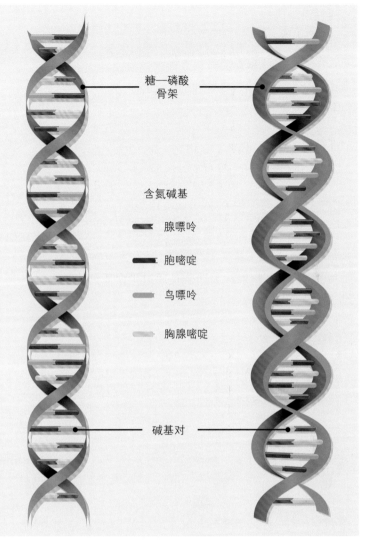

糖—磷酸骨架

含氮碱基

　腺嘌呤

　胞嘧啶

　鸟嘌呤

　胸腺嘧啶

碱基对

核酸

大约在孟德尔试验豌豆植物的时期，弗里德里希·米歇尔（Friedrich Miescher，1844—1895）从白细胞核中分离出一种未知的酸，称它为核蛋白。1889年，德国病理学家理查德·奥特曼（Richard Altmann，1852—1900）发现，核蛋白具有弱酸性，促使他将该名称改为核酸。

双螺旋结构

直到1952年，我们才完全了解DNA是如何传递遗传信息的。DNA的秘密首先是通过伦敦的罗莎琳·富兰克林（Rosalind Franklin，1920—1958）和莫里斯·威尔金斯（Maurice Wilkins，1916—2004）的工作发现的，随后在1953年又由剑桥学者詹姆斯·沃森（James Watson，1928—）和弗朗西斯·克里克（Francis Crick，1906—2004）进行了完善。

富兰克林（Franklin）和威尔金斯（Wilkins）使用X射线来生成DNA结构的图像，这种技术称为衍射。这是沃森（Watson）和克里克（Crick）计算DNA由两条链组成螺旋结构的前提。正是这种独特的结构使DNA能够充当遗传单元。

在沃森（Watson）和克里克（Crick）发现DNA结构后，其他科学家结合了他们的研究成果，得到了DNA分子的确切结构。他们证实，它是一条核酸链，其中含有核苷酸的含氮碱基，该碱基与由糖和磷酸组成的骨架相连。这些链中的两条链像螺旋梯一样相互缠绕，侧轨由糖磷酸骨架构成，梯级是相互连接的核苷酸，进而形成了独特的DNA双螺旋结构。

糖—磷酸骨架

DNA的骨架包含脱氧核糖和一个称为磷酸的化学基团。骨架的目的是为核苷酸碱基提供一个支架，以便它们可以有效地连接在一起。还存在另一种核酸，核糖核酸（RNA），但其骨架由核糖而非脱氧核糖组成。

碱基对

为了了解DNA作为遗传物质的方式，我们必须了解碱基对。有四个碱基对，分别称为腺嘌呤（A）、胸腺嘧啶（T）、胞嘧啶（C）和鸟嘌呤（G）。嘌呤的A和G与嘧啶的C和T不同。DNA的两条链彼此互补，这意味着它们总是以某种方式排在一起形成双螺旋：A与T连接和C与G连接。这些称为碱基对，人类的DNA中有30亿个碱基对。

DNA复制

当现有的细胞分裂成新细胞时，DNA也必须复制，因此新细胞也包含完整的遗传信息。1958年，马修·梅瑟尔森（Matthew Meselson，1930—）和富兰克林·斯塔尔（Franklin Stahl，1929—）在名为"生物学上最美丽的实验"中，证明了DNA是通过半保守复制的过程来实现的：一条DNA链作为模板用于构建新的DNA。在细胞分裂产生的子细胞中，一条DNA链来自母细胞（保守的），第二条链是其副本（复制）。DNA能做到这一点主要在于核苷酸碱基的互补性：A‐T和C‐G。

DNA复制

DNA经过许多步骤进行复制，这些步骤旨在产生与原始DNA相同的DNA新链：其完全一样的复制品。首先展开双螺旋结构，因此每条链都可以成为创建新链的模板。通过解压缩步骤暴露出来的碱基与新碱基互补，使A与T连接，C与G连接，从而产生一条新的DNA链。

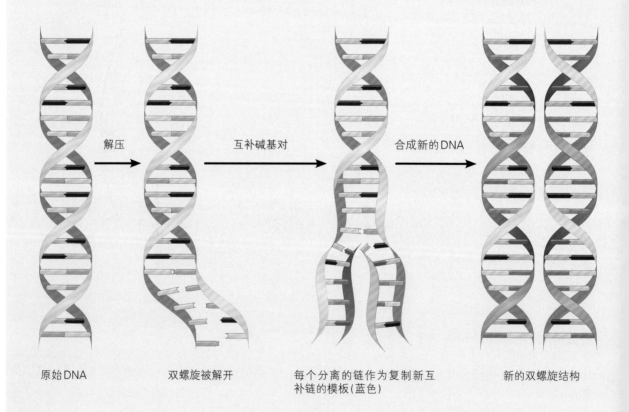

解压　　互补碱基对　　合成新的DNA

原始DNA　　双螺旋被解开　　每个分离的链作为复制新互补链的模板(蓝色)　　新的双螺旋结构

破解遗传密码

1961年，弗朗西斯·克里克(Francis Crick)及其合作者发表了他们关于DNA如何被翻译成蛋白质的理论。换句话说，他们是如何破解基因密码的。有三条规则适用于该密码。

第一条规则是通用的。每个生物的DNA中都发现了四个核苷酸碱基。无论是人、香蕉、兰花还是水母，都适用相同的规则。该规则也适用于密码子及其匹配的氨基酸。

第二条规则是遗传密码不重叠。这意味着以三个碱基为一组分别读取，一组接着一组，类似于一个句子里的单词。

最后一条规则是有20个氨基酸和4个碱基。如果密码子仅由两个碱基组成，则只有16种可能的组合，不足以包含20个氨基酸。三碱基密码子提供了64种可能性，足以包含氨基酸的种类，因此某些氨基酸被分配了不止一个密码子，即所谓的"简并"密码。碱基密码子中有些充当起始和终止密码子，标示蛋白质翻译的开始和结束位点。

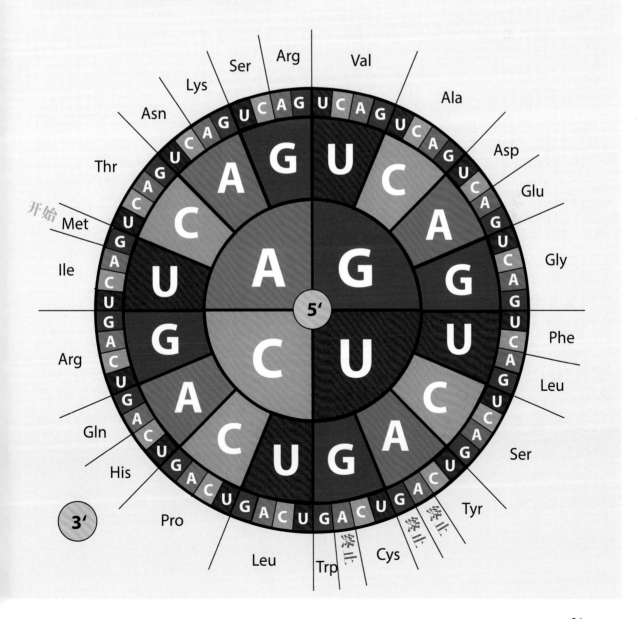

RNA和核糖体：工具箱

由于DNA是遗传分子，蛋白质是生命的基础，因此科学研究的注意力转移到了两者之间的联系上。蛋白质的形成实际上是如何发生的？

弗朗西斯·克里克（Francis Crick）猜测必须存在某种东西可以将DNA与蛋白质的形成联系起来。1957—1958年，美国生物化学家罗伯特·霍利（Robert Holley，1922—1993）与他的同事生物化学家马歇尔·尼伦伯格（Marshall Nirenberg，1927—2010）和哈尔·葛宾·科拉纳（Har Gobind Khorana，1922—2011）一起发现了起联系作用的东西：RNA。

RNA与DNA类似，但有两个重要区别。RNA骨架中的糖是核糖而不是脱氧核糖，RNA的尿嘧啶（U）替代了核苷酸碱基T（胸腺嘧啶），因此A-U彼此互补（C和G保持不变）。

当隐藏在DNA中的信息通过两个步骤解码时，蛋白质即被组装：DNA到RNA，RNA到蛋白质。该过程被称为"分子生物学的中心法则"，需要三种不同类型的RNA（信使RNA（mRNA），转移RNA（tRNA）和核糖体RNA（rRNA））以及核糖体，才能将遗传密码转化为蛋白质。

mRNA

解锁DNA密码的第一步是：双螺旋部分解

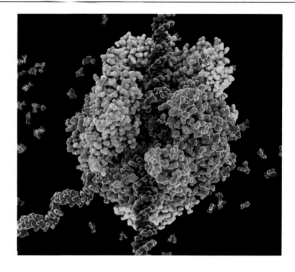

▲ RNA聚合酶由几种蛋白质组成。它通过核苷酸尿苷，腺苷，胞苷和鸟苷单磷酸核苷酸解开DNA链（紫色）并构建RNA（红色）。

开，使RNA分子进入并与单链结合，从而产生一系列mRNA。这种未经编辑的mRNA包含所谓的"垃圾"片段，这些片段是从基因的非蛋白质制造区域（称为内含子）转录而来的。内含子就像杂志或报纸上的广告一样，对相关信息不做任何贡献，最好切除或剪接，仅保留能翻译成蛋白质的关键片段。

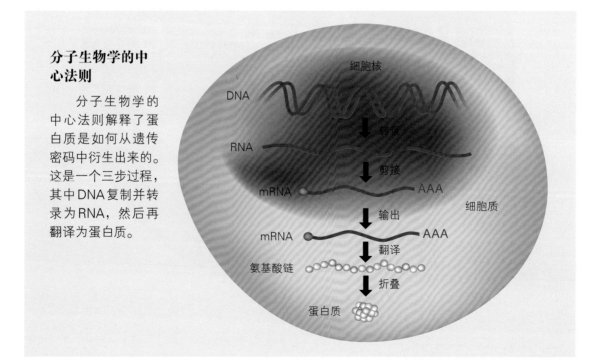

分子生物学的中心法则

分子生物学的中心法则解释了蛋白质是如何从遗传密码中衍生出来的。这是一个三步过程，其中DNA复制并转录为RNA，然后再翻译为蛋白质。

细胞核

DNA

转录

RNA

剪接

mRNA　　　　　AAA

输出　　　　　细胞质

mRNA　　　　　AAA

翻译

氨基酸链

折叠

蛋白质

基因表达的关键过程

在产生蛋白质的三个步骤中，DNA首先被转录成信使RNA（mRNA）。然后，mRNA穿过核糖体，根据遗传密码将氨基酸链组装成蛋白质。

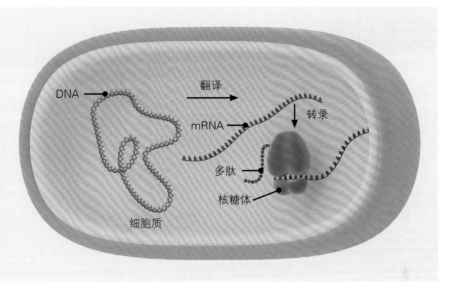

核糖体和rRNA

mRNA像穿过电影放映机的电影胶片一样穿过核糖体。核糖体是微小的工厂，随时准备接受指示，在细胞核、内质网和细胞质内自由漂浮的过程中制造蛋白质。核糖体的一部分由另一种称为rRNA的RNA组成，它们不仅将mRNA固定在适当的位置，以便可以正确地按顺序读取遗传密码，而且还将mRNA引入给携带单个氨基酸的tRNA。现在，终于可以将遗传图谱从DNA转移到蛋白质上了。

tRNA

这种类型的RNA发挥的作用是使mRNA序列与其编码的氨基酸相匹配。这种匹配过程通过使用密码子的三个核苷酸碱基进行。设计的mRNA序列可一次读取三个碱基。tRNA分子由反密码子的三个核苷酸碱基组成，它们的序列与mRNA密码子互补。每个密码子对应一个特定的氨基酸。当通过核糖体机制引入mRNA时，密码子与正确的tRNA反密码子匹配，并且其释放氨基酸参与肽链的形成。

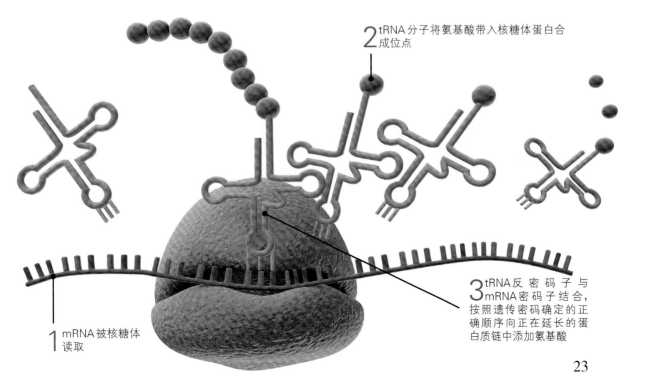

2 tRNA分子将氨基酸带入核糖体蛋白合成位点

3 tRNA反密码子与mRNA密码子结合，按照遗传密码确定的正确顺序向正在延长的蛋白质链中添加氨基酸

1 mRNA被核糖体读取

蛋白质

一旦DNA被转录并翻译成一条不断增长的氨基酸链，蛋白质才真正开始着手形成它们履行功能所需的形式。但是它们需要进行额外的改变和修饰才能成为成熟的、可操作的蛋白质结构。

氨基酸

构成蛋白质的20个氨基酸具有不同的特征，这就是为什么蛋白质链上特定位置可能会选择一个氨基酸而不是另一个氨基酸的原因。有些氨基酸较小，例如甘氨酸（Gly），有些较大，例如色氨酸（Trp）。有些具有酸性，有些则是中性的。有些可以更有效地形成某些形状，例如三重螺旋或打褶的薄片，使蛋白质甚至人体组织具有重要的功能特性。

翻译后修饰

不断增长的氨基酸链被称为肽。它不断增长，直到它完全形成蛋白质，然后进行一系列修饰使其适合目的。这些定制的调整（例如大小和形状或添加化学物质或侧链）取决于蛋白质的预期功能，通常蛋白质与其他蛋白质以复合物的形式共同作用。换句话说，蛋白质必须整合在一起，它们的构象是在人体中发挥作用的关键。目前尚不知道人体中存在多少蛋白质，科学家们仍在组装蛋白质组（完整的目录）。但是，据估计，总共有70,000~90,000种蛋白质，全部是由4个碱基和20个氨基酸的遗传密码产生的。因此，许多不同类型的蛋白质在某种程度上要归功于翻译后的修饰。

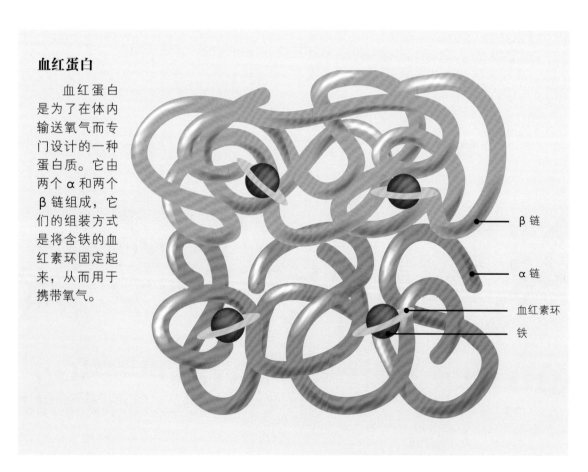

血红蛋白

血红蛋白是为了在体内输送氧气而专门设计的一种蛋白质。它由两个 α 和两个 β 链组成，它们的组装方式是将含铁的血红素环固定起来，从而用于携带氧气。

β 链

α 链

血红素环

铁

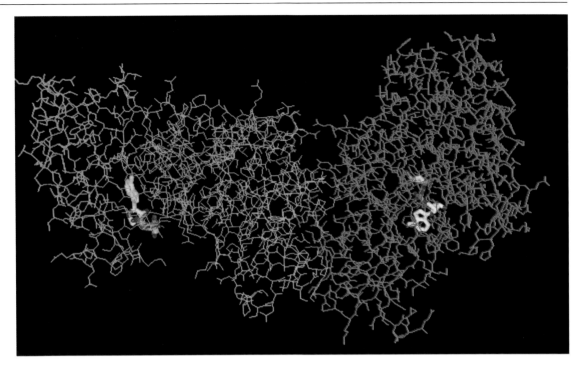

▲ 上图图题：随着蛋白质的构建，它们的结构变得越来越复杂，从连接氨基酸的多肽链开始，然后折叠成工作所需的形状。

蛋白质结构如何运作

了解蛋白质结构的一个好方法是了解红细胞中发现的血红蛋白（Hb）。由血红蛋白组成的蛋白质主要作用是从肺部向身体周围输送氧气。血红蛋白实际上是蛋白质的复合物，由四个部分或亚基组成，称为球蛋白链。这些链（α 和 β）形成三维结构，将名为血红素的化学环固定，这正是血红蛋白分子携带氧气的部分。蛋白质的构建极其复杂，需要多个基因才能完美地构建人体的这一重要组成部分。蛋白质结构上的任何更改都能阻止氧气的结合，因为血红素环可能会被埋在蛋白质内部深处，并且不再可用。当遗传密码发生变化时，就会发生这种情况。

外显子和内含子

在一个基因中，只有DNA的某些部分编码蛋白质，这些被称为外显子。分隔外显子的DNA片段是非编码的，称为内含子。遗传密码中的所有编码外显子共同构成外显子组。内含子实际上包含一些重要的序列，例如，调节基因表达或确保非编码片段从成熟的mRNA分子中剪接出来。

"垃圾"DNA

DNA中只有2%的遗传密码用于编码蛋白质。直到最近，其余的98%仍被认为是一种遗传贫乏区，被称为"垃圾"DNA。但是，细胞机器每次分裂时都会忠实地复制该DNA，就像编码区一样。但是，如果是垃圾，为什么还要如此地关注呢？当然是因为它们不是垃圾！

这些非编码区中包含调控元件，微卫星标记和多态性变体，microRNA和转座子，在控制其他2%的基因表达中具有功能性作用。垃圾DNA继续揭示自身的秘密，在进化过程和选择优势等方面展现出有趣的见解。这个故事将继续发展，并有望成为魔咒。

表观遗传学

并非我们DNA中发生的所有化学修饰都是可遗传的。这是表观遗传学的科学，是一个迅速扩展的遗传学领域，例如，可以解释为什么同卵双胞胎实际上并不相同，为什么吸烟导致癌症以及先天和后天遗传是怎样一起发挥作用。第一个引起DNA产生表观遗传效应的是已知的化学修饰之一甲基化。这种和其他表观遗传的变化将在下面解释。

甲基化

在整个遗传密码中，甲基（包含碳和氢的化学侧链）的添加确实很常见，这种特殊的修饰称为甲基化，在DNA的正常功能中具有明确作用，包括沉默基因（例如经过基因印迹的沉默基因），但它也与暴露于毒素的环境（如吸烟）和营养状况差引起的DNA损伤有关。

印迹

我们数百个基因受到一种特殊的表观遗传现象的影响，称为印迹。这就是父母起源效应，其中从母亲继承的印迹基因的拷贝通过DNA甲基化被关闭或沉默，但是来自父亲的拷贝未修饰和未甲基化，保持打开状态。印迹基因通常在生长的基本过程中起着很重要的作用，并且在生命的早期起着关键的作用。例如，某些印迹基因可以影响胎盘或发育中的胎儿大小，具体取决于来源于哪个亲本的活性形式。这造成了两个发展需求可能出现相互竞争的情况。

当这些DNA印迹开关出现问题时，可能会出现严重的医学疾病，例如生长受限的罗素—银综合症（Russell-Silver syndrome）及其对立的贝克威斯—韦德曼综合症（Beckwith-Wiedemann syndrome）。

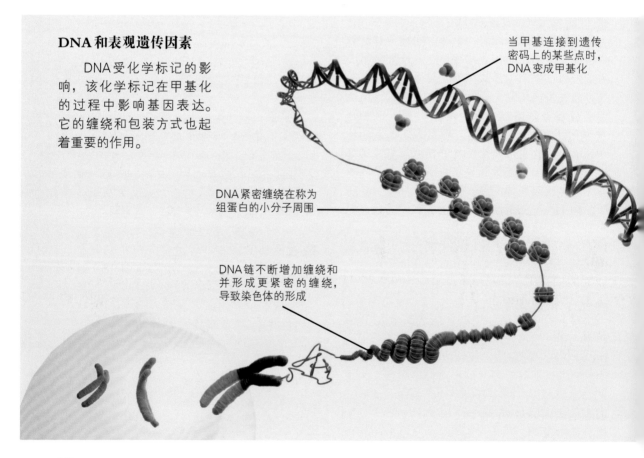

DNA和表观遗传因素

DNA受化学标记的影响，该化学标记在甲基化的过程中影响基因表达。它的缠绕和包装方式也起着重要的作用。

当甲基连接到遗传密码上的某些点时，DNA变成甲基化

DNA紧密缠绕在称为组蛋白的小分子周围

DNA链不断增加缠绕和并形成更紧密的缠绕，导致染色体的形成

单亲二体性

当两条染色体都来自一个亲本时，就会发生单亲二体性（UPD）。就15号染色体而言，如果两个拷贝都来自母亲而没有来自父亲的拷贝，则会发生称为普拉德—威利综合症（Prader–Willi syndrome）的疾病。如果15号染色体的副本均起源于父亲，而没有来自母亲的，则导致安格曼综合症（Angelmann syndrome）。

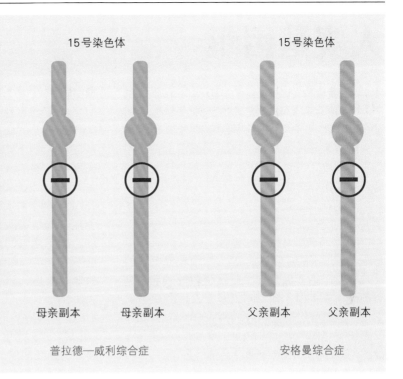

15号染色体　　　　　　　　15号染色体

母亲副本　　母亲副本　　　　父亲副本　　父亲副本

普拉德—威利综合症　　　　　　安格曼综合症

单亲二体性

印迹疾病的一个原因是婴儿仅从一个父母那里继承一对染色体中的两条。这通常发生在三体综合征之后，早期胚胎中的细胞有效地移动了一条染色体来挽救局势。该安全网称为三体综合征救援。当两条染色体均起源于母亲时，就会发生母亲单亲二体性（UPD）。当两条染色体均来自父亲时，就会发生父亲UPD。仅当相关染色体包含的印迹基因必须来自母亲和父亲，UPD才成为问题。有几个遗传综合症

▼ 组蛋白缠绕在DNA缠绕周围，甲基直接附着在DNA上。

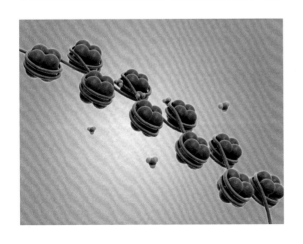

是通过这种机制发生的。

普拉德—威利综合症就是这样的一个例子，它是由母亲UPD的15号染色体引起的。患有该综合症的人们想要不断进食，缺乏饱腹感，智力残疾以及面部畸形（称为畸形）。如果UPD 15起源于父亲，则会出现另一种情况，即安格曼综合症。患有这种疾病的儿童的头部生长极为缓慢，导致小头畸形，严重的智力障碍（例如，从来学不会说话）和癫痫发作。尽管这两个情形是由相同的遗传机制引起的，但其作用是完全不同的，在极端情况下凸显了父母起源效应的重要性。他们影响着大约20,000人中的1人。

组蛋白修饰

组蛋白是围绕DNA紧密盘绕的并最终形成染色体的蛋白质，它也需要进行化学修饰。加入甲基或磷酸基团，乙酰基分子或泛素蛋白分别导致甲基化、磷酸化、乙酰化和泛素化。这些外部的化学标签会影响基因的表达，并改变螺旋状DNA结构的形状，从而影响遗传密码的工作方式。

这些修饰在健康和疾病方面的作用才刚刚开始显现。在先天和后天遗传的斗争中，仍有许多需要我们去发现。

人类基因组

如果说遗传学是对遗传力的研究，那么基因组学就是对完整遗传密码或基因组的研究。这包括基因的所有编码区和所有非编码区，即所谓的垃圾 DNA。完整的阅读遗传密码需要多种方法，包括全基因组测序，从而能够最终解锁其中的秘密。

测序

使用一种称为测序的过程，可以读取单个基因、多个基因、较长的 DNA 片段或整个基因组的序列。从早期的 DNA 时代到最近的基因组学革命，多年来，基因的测序方式已经发生了变化。从理解生物学的过程到现代医学上取得飞速发展，期间有很多理由需要我们去研究部分或全部遗传密码的序列。

桑格测序

桑格测序法是一种用于研究相对较短的 DNA 片段（例如基因的单个外显子）的方法，以英国生物化学家（两次诺贝尔奖获得者）弗雷德里克·桑格（Frederick Sanger，1918—2013）的名字命名。他计算了核酸中发现的碱基数。

桑格测序可算出 DNA 链中碱基的顺序，逐个指出碱基序列。为此，科学家首先必须扩增他们想要复制的 DNA 片段（模板），使其浓度提高数千倍。科学家借助一个三步循环的聚合酶链式反应（PCR），进行多次重复。它涉及加热 DNA 样品以分离双链（变性），连接至引物的任一末端，形成与模板互补的短单链 DNA（退火），并使用一种称为聚合酶的化学酶填补两个引物之间的缺口，完成数千个目的 DNA 链拷贝（延伸）。

Southern 印迹

Southern 印迹是一种检测 DNA 完整片段并计算其大小的方法，从而可以了解 DNA 的功能。

2.将 DNA 转移到硝酸纤维素纸上

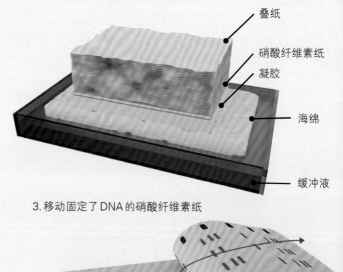

叠纸

硝酸纤维素纸

凝胶

海绵

缓冲液

1.电泳法

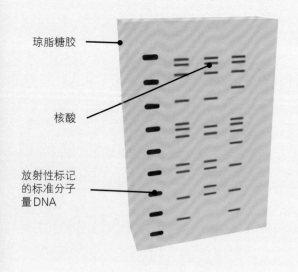

琼脂糖胶

核酸

放射性标记的标准分子量 DNA

3.移动固定了 DNA 的硝酸纤维素纸

对于测序部分，科学家再次使用PCR流程，但是这次使用的是常规核苷酸碱基与那些在延伸阶段阻止该链进一步延伸的碱基的混合物。此过程为这个阶段的测序提供了另一个名称：链终止方法。链终止的碱基用不同颜色的染料标记，以指示它们在链中是A、T、C还是G。研究人员可以使用色谱图分析合成的DNA链，根据色谱图中碱基的颜色将碱基进行区分。

Southern 印迹

这种分析方法使研究人员能够研究更大的DNA片段。这是一种检测整个DNA片段的方法，而不是对单个碱基进行测序。该方法的第一步是消化DNA，使用酶（触发化学反应的催化蛋白）将其切成较小的片段，去识别特定的DNA序列并进行切割。DNA印迹中使用的DNA消化蛋白来源于细菌。下一步通过电泳将DNA片段按不同大小进行分类。这步是将电流通过名为琼脂糖凝胶的特殊凝胶，从而达到分离的效果。对DNA进行化学变性，使其单链化，然

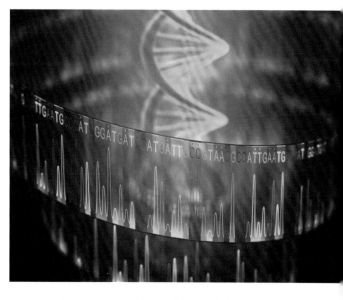

▲ 对DNA进行测序后，遗传密码以代表不同碱基的A、T、C和G的一系列字母形式进行读取。

4.硝酸纤维素纸与放射性标记的DNA一起孵育

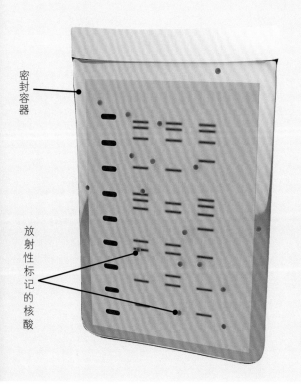

密封容器

放射性标记的核酸

5.放射自显影可视化

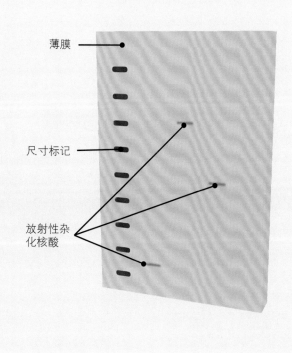

薄膜

尺寸标记

放射性杂化核酸

下一代测序

与桑格测序不同，下一代测序，也称为大规模并行测序，使数百万个片段可以同时进行测序。

样品收集

DNA提取

准备文库

珠捕获和杂交

测序

序列比对和变异检测

ATGCTCGCTGCTCGCTTGCTGCTGCTCGCGCTCGCTGC
ATGCTCGCTGCTCGCTTGCTGCTGCTCGCGCTCGCTGC
ATGCTCGCTGCTCGCTTGCTGCTGCTCGCGCTCGCTGC
ATGCTCGCTGCTCGCTTGCTGCTGCTCGCGCTCGCTGC

临床解释和报告

后从凝胶中吸出来，片段便印迹在特殊纸上。DNA的互补链，称为探针，用化学或放射性标签进行标记，可以帮助研究人员检测，将这应用到印迹上，可以可视化片段并确定大小。

下一代测序

我们在基因测序能力方面取得的重大技术进步，已经使我们坚定地进入了基因组学时代。与其使用劳动强度大的桑格方法对DNA的微小片段进行测序，科学家可以使用更高通量的方法。现在，DNA测序技术的革命意味着我们可以一次性对整个基因组进行测序。尽管该技术很昂贵，但是成本将继续下降。

该过程与桑格测序具有相同的原理。第一步是将遗传密码随机分解成较小的片段，然后将其组装在一种文库中。像之前一样，将单个片段扩增并测序，然后在电泳凝胶中分离。这种方法的不同之处在于可以同时发生数千个反应，即所谓的"大规模并行"。

结果是，如果需要的话，许多基因（全部有20,000个）都可以一次性测序。全外显子组测序（WES），对那些编码外显子进行测序，甚至全基因组测序（WGS）都已成为遗传分析的常规方法。但是，下一个挑战是如何解释这种高通量方法产生的数百万甚至数十亿个碱基，以及将产生的序列信息存储在何处。哇！生物信息学和大数据的曙光！

人类基因组计划

美国遗传学家弗朗西斯·柯林斯（Francis Collins，1950—）从詹姆斯·沃森手中接过了人类基因组计划这项任务，在他的领导下，借助国际合作的力量，人类遗传密码从头到尾得以完全测序。

2003年，遗传学家团队大张旗鼓地宣布了该项目的完成。现在我们不仅知道我们有20,000个基因，而且知道如何在基因组中绘制它们（这个数字使一些人感到惊讶，他们认为我们应该拥有更多，特别是知道香蕉有36,000个基因）。该项目为生物科学，分子医学和进化遗传学带来了无数的收益。它使科学家能够创建人类基因组的参考序列，从而确保从一个实验室到另一个实验室的一致性。它揭示了有关"垃圾"DNA的新信息，它似乎在动态和功能上比我们最初给它命名时所想的要重要得多。

100,000个基因组计划

这个由政府支持的项目于2015年启动，到2018年12月已经对100,000个基因组进行了测序，重点关注85,000名患有罕见遗传疾病和某些类型癌症的参与者。该项目对癌症患者血液和肿瘤中的DNA进行了测序，因为人们认为癌症会破坏基因组DNA，所以这推动了个性化医学治疗各种肿瘤的进程。在所有罕见疾病中，这些疾病并非十分罕见，影响了每17个人中的1个人。科学家旨在结束许多受影响儿童所面临的漫长诊断历程，通过利用其基因组中的信息来解释其病情的本质。

该项目承诺将基因组测试转变为现代临床实践，使此类测试成为医学治疗的主要手段，并主要基于个人的遗传密码，而不是使用一刀切的全能疗法，帮助开发定制疗法从而进行医疗干预。

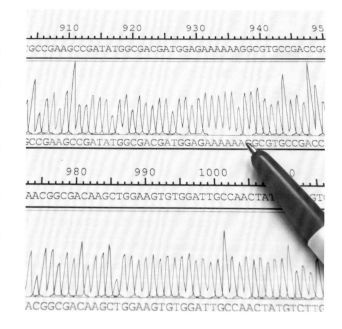

▲ 桑格测序法产生的DNA读数称为色谱图，该印迹是由不同颜色标记的碱基A、C、T和G产生的。它代表了DNA序列的最终读数。

▼ 技术人员将样品加载到自动DNA测序仪中，用于人类基因组计划的分析。

第二章
遗传学的发展

人们谈论着DNA是释放生命密码的钥匙。该密码体现在复杂的蛋白质构成中，蛋白质本身就是氨基酸的组合，共同为我们体内的所有细胞提供功能性。本章探讨了遗传密码的性质以及遗传密码使身体健康运行的方式，并使我们每一个人具有独特之处。

什么是遗传密码？

今天，当我们考虑什么是密码时，根据上下文会想到许多不同的东西。密码可以是必须以某种规则阅读的系统，以便我们可以将密码中包含的信息转换为其他信息。密码可以是信息中隐藏的某种东西，作为一种将秘密信息传达给他人的方式。莫尔斯电码是一种使用一系列点和破折号表示不同字母和数字的通信系统，最初是为了在远距离发送电报消息而开发的。我们将"代码"一词应用到软件编程中，"编码"一词是指计算机需要完成任务的逐步说明。组织的行为准则是其成员必须遵循的一组规则，例如，他们应如何行事和着装。

对遗传密码而言，所有这些要素均适用。遗传密码一直是个谜，直到1961年，弗朗西斯·克里克（Francis Crick）解码了其中保存的隐藏信息。遗传密码为构建所需的生物体形成了逐步指令。它由不同的"符号"组成：A、T、C和G的四个核苷酸，可在30亿个碱基对之间传递长途消息。并且它遵守严格的规定，如果不遵循字母规则，细胞运作可能会以遗传缺陷的形式产生破坏性作用。简而言之，遗传密码是DNA中包含的一组指令，所有生物都需要根据这些指令来构建生命的组成部分——蛋白质。

▼ 像NOTCH1这种蛋白质，具有在身体里执行特定功能的结构。

红细胞

红细胞（右）包含蛋白质血红蛋白（左），两者均用于体内氧气的输送。

DNA：蛋白质至蛋白质

遗传密码是生命的蓝图。从根本上讲，它是构成人体200种不同组织的数千种蛋白质的DNA配方的集合。

蛋白质是我们细胞几乎所有功能所需的构件。它们以抗体形式保护我们免受感染。我们可以走动，因为肌肉中的蛋白质具有收缩的能力，可以使我们的骨骼和关节运动。它们是酶的成分，控制着我们体内的多种化学反应。由蛋白质衍生物组成的激素将信息传递到我们的器官，控制生长和发育，使我们感到饥饿或饱食，调节我们的新陈代谢并对身体压力做出反应。蛋白质的形成使我们的器官组织能够根据其特定设计发挥功能。例如，正是由于我们的肝细胞中存在特定蛋白质，肝脏才具有解毒的能力，而在我们的肾细胞中，存在的特定蛋白质使肾脏具有排毒的能力。一些特定的细胞具有存储大分子的能力，例如脂肪，这意味着我们的皮肤下有一层脂肪组织的绝缘层，因此我们可以存储能量直到需要它为止。某些蛋白质，例如血红蛋白，可以在体内运输其他化学物质和化合物。

血红蛋白：氧气运输蛋白

血红蛋白的功能是在红细胞中将氧气从肺部运输到人体周围。血红蛋白是一种球状蛋白，其形成过程复杂，由基本氨基酸链到最终的一个紧密球体或球形，位于红细胞内。它包含四个单独的蛋白质，称为亚基，两条 α-球蛋白链和两条 β-球蛋白链。这些亚基连接在一起，形成一个球形体，在该球形体的中心内部有一个空间，该空间内有含铁的血红素环，是一种蛋白质促进剂或保持氧分子的辅因子。

蛋白质结构

构建专门的蛋白质需要四个不同级别的结构，并且在不同制造阶段其复杂性不断提高。初级水平是氨基酸的顺序，直接从遗传密码翻译成多肽链。然后，由于不同成分的氨基酸彼此相互作用，自身发生盘绕并折叠，从而形成三维的二级蛋白质结构。可以进行进一步的调整，确保能够牢固地固定在下一步，即第三级，将单独的 α 和 β 亚基与辅因子血红素环结合在一起，保持形状并形成四级结构。

但是起点是多肽链，多肽链是创建成熟蛋白质分子所需的基本结构，使蛋白质结构适合其用途。氨基酸通过相互连接的肽键连接在一起，它们的确切排列顺序对于构建人体中具有特定大小性状的蛋白质至关重要。

当血红蛋白出现问题时

不同的基因编码单个亚基，这些亚基互相结合形成血红蛋白。两个基因负责编码 α 亚基 1 和 2（HBA1 和 HBA2），一个基因负责编码 β 亚基（HBB）。α 或 β 链损坏的缺陷会导致遗传性贫血，这是由于血液中血红蛋白浓度低。这些疾病被称为 α 和 β 地中海贫血和镰状细胞病，在某些地区的人群中更为常见。对于地中海贫血，来自地中海、南亚和中东等地区的人群更易感染；对于镰状细胞疾病，那些来自非洲的人更容易受到感染。患有这些疾病的人必须从父母双方那里同时继承缺陷基因，因为它们都是常染色体隐性遗传疾病，这也意味着错误的遗传密码存在于隐性基因中。

在地中海贫血中，三个血红蛋白基因之一的缺陷导致该链减少。如果是其中一个 α 亚单位基因有缺陷，则受影响的人将患有 α 地中海贫血；如果是 β 亚单位基因有缺陷，则患有 β 地中海贫血。地中海贫血的病情严重程度取决于人体产生血红蛋白的量。病人可能需要定期输血以帮助身体克服持续性贫

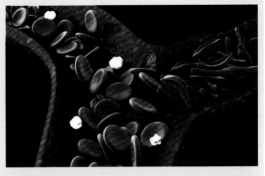

血症状。

镰状细胞病是由血红蛋白 β 亚基的缺陷引起的。它与 β 地中海贫血不同，形成的红细胞是新月形或镰状，而不是球形。受影响的人出现贫血症状，因为他们的红细胞不能像正常人那样存活很久，而且他们还面临着镰状细胞出现危机的风险。当异常形状的红细胞卡在较小的血管中，阻塞血管并阻止氧气进入组织时，就会发生疼痛，有时甚至危及生命的事件。镰状细胞疾病的治疗方法包括定期服用止痛药和输血，以及避免可能导致镰状细胞出现危机情况的发生，例如高海拔氧气浓度低的情况。

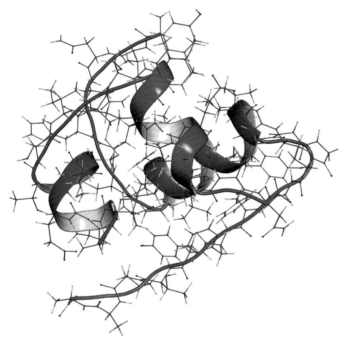

氨基酸

那么，氨基酸又有什么作用呢？人体的 20 种不同氨基酸具有相同的基本结构：一个氮原子和两个氢原子组成的氨基（NH2），一个氢原子（H），一个碳、氧和氢组成的羧基（COOH）。每种氨基酸的物理性质略有不同，因为它们各自具有可变的"R"基团。R 基团带来的区别可能与个体大小、电荷以及与其他氨基酸和辅因子连接的能力有关。将氨基酸放在错误的位置，蛋白质可能会失去有效完成其预期工作的能力。

胶原蛋白：主要的建设者

胶原蛋白是人体中最丰富的蛋白质，约占我们蛋白质总数的三分之一，并且分布广泛。它发现于结缔组织，能将我们的身体固定在一

◀ 由于蛋白质是由不断增长的氨基酸链形成的，该链称为多肽，因此它们的结构变得越来越复杂，就像此处列举的激素、胰岛素一样。

起。它存在于我们的肌肉和血管，骨骼和软骨以及肌腱和韧带中。您还会在肠道，眼睛的角膜，肾脏和皮肤中找到它。至少有28种胶原蛋白（由罗马数字I至XXVIII表示）构成了这种蛋白质超家族，每种蛋白具有不同的物理特性。

大多数类型的胶原蛋白被描述为原纤维，因为它们由超卷和缠绕在一起的原纤维制成。单个多肽链扭曲形成这个四级蛋白质结构，三条多肽链结合形成三重螺旋。I，II和III型原纤维胶原蛋白占所有胶原蛋白的80%~90%。它们存在于皮肤、骨骼、软骨和结缔组织中，占据了外部空间或基质，这些地方是不同组织运作的关键所在地。

当我们考虑到遗传疾病对生产或功能产生的影响时，它们广泛分布的现象显而易见。例如，I型胶原蛋白不足会导致脆性骨病。II型胶原蛋白的缺陷会导致一系列疾病，从早期发病的关节炎到严重的侏儒症。III型胶原蛋白异常会导致皮肤结缔组织发育不良综合征（Ehlers-Danlos综合征），这种疾病会导致关节极度柔软、慢性疼痛和妊娠纹，即便患病的人很苗条。

▼20个氨基酸都具有相同的基本氨基酸结构，但每个氨基酸都有一个独特的可变基团，赋予它们不同的物理特性。

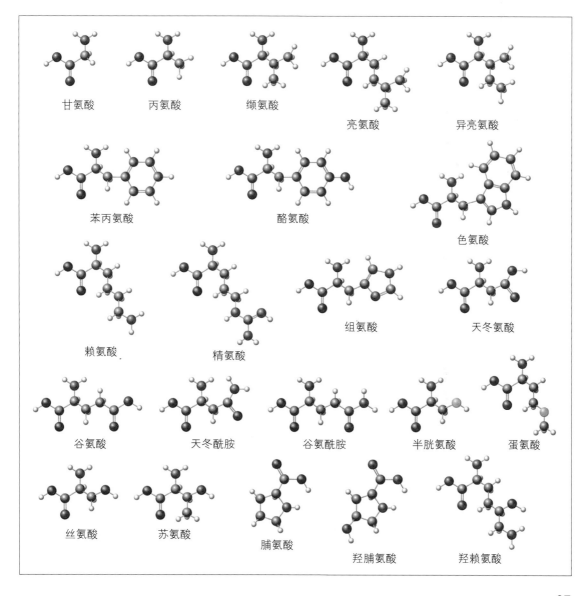

甘氨酸　　丙氨酸　　缬氨酸　　亮氨酸　　异亮氨酸

苯丙氨酸　　酪氨酸　　色氨酸

赖氨酸　　精氨酸　　组氨酸　　天冬氨酸

谷氨酸　　天冬酰胺　　谷氨酰胺　　半胱氨酸　　蛋氨酸

丝氨酸　　苏氨酸　　脯氨酸　　羟脯氨酸　　羟赖氨酸

遗传密码食谱书

如上面提到的遗传条件，如镰状细胞贫血、Ehlers–Danlos综合征、脆性骨病等，强调了身体在适当的时间和位置构建正确的蛋白质及遗传密码子的重要性。它是如何做到的？它遵循一个食谱。

就像任何完整的烹饪书一样，我们可以将遗传密码的食谱书分为不同的部分。但是，我们发现的类别不是开胃菜、主菜和甜点，而是酶、结构蛋白、激素、转运蛋白、免疫力等。这是一本很大的书，有20,000个食谱。它们可能没有被整齐地分为各个部分：例如，关于抗体的指令在第一个染色体上列出，而特殊的肾脏部分在第二个染色体上，但实际上它们在整个遗传密码中似乎是随机排列的。

哪个配方是必需的，什么时候代码存在不可思议的部分。有一些称为转录因子的基因编码蛋白质，会在配方开始时附着在DNA上，指示其"开始烹饪"。该启动命令意味着基因仅在应有的时间和位置被激活，进而生成蛋白质。实际上，构建一个蛋白质是在一系列相互关联的事件中触发了蛋白质制造的链反应，这恰好形成了庞大的蛋白质网络和相互作用的路径，信号级联，交织矩阵，运输和防御系统，进行运动活动，修复受损组织，进行复制和繁殖。

▼ 我们的遗传密码包含制造人类的完整方法。

COL1A1食谱摘自"完整的遗传密码"★（下标注：★如作者想象的）

日常I型胶原蛋白的合成

没有什么可以像I型胶原蛋白那样为您的骨骼赋予力量，让您全身而退！任何携带卡片的人都应该尝试一下这个食谱。掌握这一点，你将会运动起来！

困难度：

中等

准备：

转录—30秒

翻译—25秒

总烹饪时间—55秒，外加翻译后修改时间

前提：

最终的胶原蛋白需要两条 α–1链和一条 α–2链。当所有结合在一起并形成三重螺旋时，请相信我，您会欢喜跳跃！提前完成 α–2链的配方，并一直保存在您的内质网中，直到需要用于最终的构建（注意，这个遗传密码配方，COL1A2，可以在完全不同的体积中找到，不是在带有COL1A1的7号染色体上，而是在17号染色体上）。

专家提示

您可以从保健食品商店或在线购买预先准备的I型胶原蛋白，但要提防虚假的宣称，类似于它可以通过皮肤吸收以重新启动弹性——这对于一个分子来说太大了。最好按照此食谱合成自己的，并使用维生素C增强其天然产量。

使用现成的tRNA–氨基酸混合物，三碱基tRNA密码子总是连接相同的氨基酸，就像遗传学大师弗朗西斯·克里克（Francis Crick）曾经教我们的一样。

技术诀窍

聚合酶是我们制造DNA和RNA链所需的酶。找到它们不应该存在任何困难，储存柜橱中的任何地方都可以轻松找到。

剪接体是细胞机器，用于发现RNA内部的起始和终止序列。

配料

转录步骤

转录因子（我们使用RUNX2，但使用osterix也一样）

核糖核酸（RNA）碱基A、U、C和G

RNA聚合酶

剪接体

翻译步骤

核糖体

核糖体RNA（rRNA）

转移RNA（tRNA）

氨基酸——所有氨基酸，以及额外的甘氨酸，脯氨酸和赖氨酸

翻译后修饰

1条 α–2胶原蛋白I链

酶：羟化酶和转移酶

维生素C

糖（葡萄糖和半乳糖效果最好）

α–2链（请参阅前面的内容）

寡糖，例如甘露糖

组装胶原纤维

赖氨酰氧化酶

铜

▼ 胶原蛋白纤维存在于人体的许多组织中，包括骨骼、肌腱和皮肤。它们提供力量。

方法

1 制作您的信使RNA（mRNA）。最好在结缔组织内部的成纤维细胞的细胞核中进行。尝试着使细胞始终保持体温。要从您的遗传密码COL1A1 DNA开始基因转录，请添加您的转录因子RUNX2或osterix。您应该发现它很容易绑定；如果不是这样，则可能是您使用了错误的配料。

2 让您的COL1A1 DNA双螺旋结构稍微解压缩，并添加RNA核苷酸碱基A、U、C和G。现在混合RNA聚合酶。如果您的成纤维细胞处于适当的温度，那么当RNA分子与其互补的DNA对应物相对时，mRNA链将开始生长。几秒钟之内，您将拥有第一条mRNA链，即称为前mRNA的主要转录体。但是，它需要进行修剪以消除散布在整个过程中的无用垃圾，在细节上这似乎是没有必要的注意，但这值得您付出努力！

3 将您的剪接体与前mRNA混合。让他们沿着分子滚动，直到遇到"停止"标志。在此处剪裁，以便可以将垃圾杂质剪切出来。沿前mRNA继续进行直到剪接体再次发出"开始"信号并剪断。接下来，将mRNA链的末端连接在一起，您应该在上一步中保留一些聚合酶来完成此操作。一遍又一遍地重复此过程，直到获得全长的成熟mRNA转录体。如果到目前为止所有计划都实施，那么它大约应该有1,500个碱基。现在是重要的翻译阶段了。

4 您可以在细胞核或内质网中执行此步骤。为什么不同时使用两者来制造尽可能多的胶原蛋白。小心地通过核糖体rRNA处理器加入mRNA转录物。加入tRNA—氨基酸混合物（请参阅专家提示），并观察mRNA三碱基密码子如何找到其互补的tRNA反密码子。遗传密码通过密码子被翻译成氨基酸，肽链通过

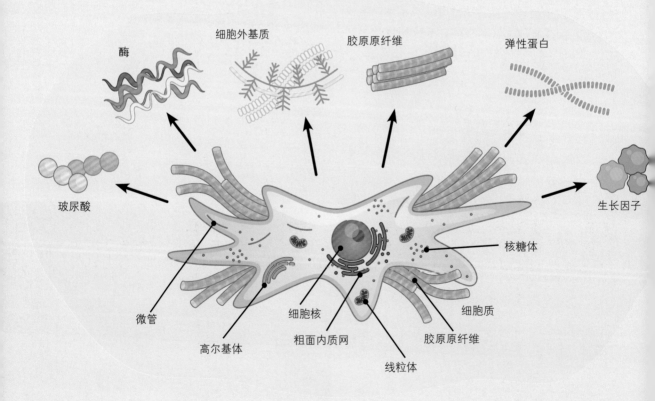

酶　　细胞外基质　　胶原原纤维　　弹性蛋白

玻尿酸　　　　　　　　　　　　　　　　　　　　生长因子

核糖体

微管　　　　　　　　　　　　　　　　　　　细胞质

高尔基体　　　细胞核　　　胶原原纤维

粗面内质网

线粒体

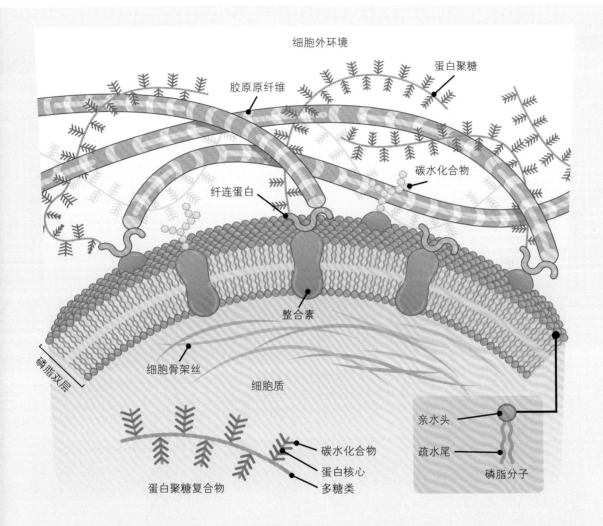

细胞外环境

蛋白聚糖

胶原原纤维

碳水化合物

纤连蛋白

整合素

磷脂双层

细胞骨架丝

细胞质

亲水头

疏水尾

磷脂分子

碳水化合物

蛋白核心

多糖类

蛋白聚糖复合物

不可见的化学键将它们连接在一起，并不断生长。您在最终的多肽链中会发现，顺序应该是甘氨酸，然后是脯氨酸，接着是非甘氨酸，非脯氨酸，一遍又一遍地重复直到它长达500个氨基酸。这对于下一步翻译后修饰很重要。

5 最好在内质网中执行此步骤，确保您有高尔基体。修剪多肽的一端，然后将羟化酶与维生素C一起添加。这样做时，赖氨酸和脯氨酸会被羟基化，这有助于最终的多肽链形成特征性的交联。如果没有维生素C，此关键步骤将不起作用，因此请确保您始终有足够的补给。接下来，将转移酶与糖一起添加，使它们与羟基化的赖氨酸连接。

6 接下来，在高尔基体中，将预先准备的α-2链添加到α-1混合物中。由于在前一阶段产生的化学吸引力，将两个α-1链和一个α-2链聚在一起，形成三重螺旋。加入低聚糖进行修饰。然后细胞会将蛋白质分泌到外部的基质空间中。

7 合成胶原蛋白原纤维的最后一步，添加赖氨酰氧化酶，确保您没有忘记铜，没有铜就不会进行合成。赖氨酸和羟赖氨酸现在可以结合在一起，连接多条三螺旋链，形成成熟的I型胶原原纤维。

产生足够的I型胶原蛋白为整个骨骼，关节，肌腱，韧带，皮肤，角膜和牙齿供应结缔组织。确保其他类型的胶原蛋白（例如II，IX和XI）进行的顺利。

从碱基到个体

然后，我们知道遗传密码中的DNA片段被转录为RNA，然后被翻译为蛋白质。我们知道，蛋白质是一连串的氨基酸，需要进行调整和细化，以构建形成具有功能的三维结构。从我们构思的那一刻起，即卵细胞和精子结合在一起时，蛋白质制造机器就已经开始运转。从生命的开始到结束，每个基本的生物学功能都依赖于控制基因表达的精细调节过程。

首先要制造的蛋白质是一些能确定胚胎是在左侧还是在右侧。这是一个称为发展模式的过程。创建左右轴完全取决于基因表达。这同样适用于前后定位，即从前到后；还适用于头尾方向，即决定从上到下。心脏的方向是顶点指向左侧，而肝脏则在相反的一侧生长。我们有四个肢体，两个上肢、两个下肢，每个都有五个指（趾）头，尽管手指和拇指在我们的手上，脚趾在我们的脚上，但它们位于与顶端相反的另一端。

根据染色体的组成，有一些基因负责男性和女性的发育——46，XY或46，XX。所有内部器官的生长都取决于适时激活的遗传密码部分，与流通一样。有一些在出生前阶段会开启的基因，例如，一种形成血红蛋白形式的基因是专门为子宫内的胎儿设计的。出生本身也受到遗传的影响，当胎盘内的基因控制引起收缩的蛋白质表达时，会导致婴儿分娩。

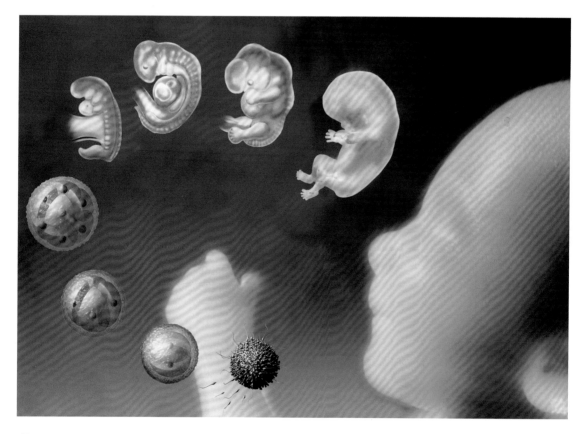

老鼠和男人

我们看起来可能不像蓬松的啮齿动物，但在基因水平上，小鼠和人类有很多共同点。我们与许多其他哺乳动物有着共同的祖先，其起源可追溯到大约八千万年前。今天，在我们的DNA中仍然可以看到这种共同血统的残余。我们的遗传密码大致相同。人类的蛋白质目录（构成我们的基本要素）与小鼠有85%的相同。一些基因99%相同。这些对于动物的生存至关重要（许多关于物种的研究表明，遗传密码的某些区域必须保持不变）。

当然，小鼠和人类的遗传密码之间存在显著差异。我们可以两条腿走路，老鼠四条腿走路。它们的中央门齿不断增长，而我们的则没有。他们有一条尾巴，而我们没有；当然我们比老鼠具有更高的认知能力。尽管如此，在我们对发育和遗传疾病的理解中，由于存在足够的相似性，我们仍然可以将小鼠作为人类的替代品进行研究。现在，以这种方式收集的科学信息正在帮助研究人员找到罕见疾病的新疗法，这些发现将改变医学。

在生命的第一年，即快速成长时期，婴儿的体重可以增加三倍，并且身长可以长到原来的1.5倍，这在很大程度上受遗传和营养的影响。随着婴儿的长大，肌肉会得到发展，骨骼也会增强并重塑，从而使婴儿的身体可以独立移动。婴儿产生新的激素，例如生长激素，其免疫系统针对所有"外来"蛋白质制造成千上万的抗体，从而抵抗潜在的感染。肠道适应吸收新食物，大脑成长并成熟。内脏一周7天，一天24小时不间断运转。组织不断地修复，再生和复制。

我们经历遗传决定的青春期，这是基因产生另一组激素引起的结果。在这个阶段，我们

的身体准备繁殖下一代，通过依靠雄性精子的定期繁殖以及雌性减数分裂形成的成熟卵细胞——这些都受遗传控制。

随着年龄的增长，基因表达的效率降低，并且我们开始显示出衰老和退化的迹象。染色体的末端端粒变短，表观遗传标记的排列发生变化。一些细胞再也无法抵御环境侵害的影响，在细胞分裂时，遗传密码错误复制的现象将不受约束，从而引发癌症。衰老（细胞分裂和生长能力的减慢）、恶性肿瘤（肿瘤生长）和退化（细胞衰弱）标志着生命的终结，而DNA转录、RNA翻译和蛋白质合成不断地推动着这一过程。

▶端粒是染色体末端的区域，随着年龄的增长而缩短。

人类遗传变异

每个人都有一套相同的蛋白质。我们所有人的红细胞中都含有血红蛋白，而我们的皮肤和骨骼中都含有I型胶原蛋白。那么为什么我们彼此之间不完全相同呢？为此，我们必须感谢人类遗传变异。

准确无误的转录和翻译遗传密码的某些部分是必不可少的，但要遵循字母的蓝图，遗传密码也包含完整的变体目录。

这些变体不会损坏蛋白质，并且，除了同卵双胞胎外，它们使我们所有人都不同。它们分布在整个遗传密码中，并且可能包含修饰，这些修饰涉及从单个碱基的微小变化到整个DNA片段的改变。实际上，科学家计算得出，我们每个人都有400万到500万个变体。我们之所以知道这一点，是因为测序技术的重大进步意味着我们现在可以研究整个基因组，从而比较一个人与另一个人的遗传密码。

遗传密码的变异丰富了一个物种。它使我们成为个体；影响蛋白质的工作效率；塑造我们的外观；影响我们对疾病的反应，保卫我们免受疾病侵害或使我们更容易感染疾病。这种变异扩展到我们的身体对药物的反应方式，例如，某种药物是否会对我们造成严重的副作用，或者身体的新陈代谢是否会使特定解毒剂对我们无效，这形成了个性化药物思想的基础。

因此，人类遗传变异可以通过影响蛋白质的功能来引起个体差异。用进化论来说，这也许使我们古老的前辈们具备了适应环境变化的能力，从而使某些群体比另一些群体具有选择优势。探索人类基因组有助于揭示人类发展和进化的未知历史。但是，它每天都在改变现代医学并帮助解决犯罪。

◀ 除了同卵双胞胎外，人类遗传变异是个体独有的。

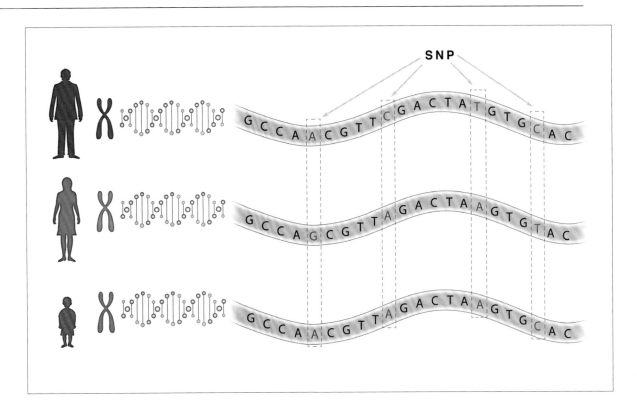

SNPs（'snips'）

术语单核苷酸多态性（SNP）是指基因组中特定位置或基因座出现不同形式（多态性）的碱基。这可能意味着一个人的成绩为"A"，而另一个人的成绩为"T"。SNP每1,000个碱基左右发生一次。它们通常存在于遗传密码中未被转录的区域，但也可能出现在编码区域中，因此具有影响蛋白质功能效率的能力。

SNP可能不会对我们的健康产生直接影响，但是我们可以使用它们来研究某些常见的复杂医学病症。例如，在某些人中检测到某种SNP组合，即所谓的疾病标记物，其发生炎症性肠病、溃疡性结肠炎和克罗恩病的几率相应的更高。研究者已经在整个基因组中绘制出了成千上万个SNP，被称为全基因组关联研究（GWAS），这些研究用于进一步帮助我们理解许多其他病症及其怀疑的病因，至少部分能从遗传的角度解释。

有亲缘关系的人和来自相似祖先的人更可能在他们的遗传密码中共享某些SNP组合。我们可以在学术研究中利用这种观察来研究我们物种的分子过去，并在基因检测中了解祖先并帮助人们找到未知的亲戚。

▲ 当在不同人群的特定基因座发现不同碱基时，就会发生单核苷酸多态性（SNP）。

▼ 亲人共享的遗传密码中存在的细微变化可以解释家族相似性。

拷贝数变化和结构变化

出现SNP时，碱基数没有变化。但是，拷贝数的变化和结构的变化导致DNA序列的增加或减少。认为整个基因组中大约有2,500种此类变异，所有变异都包含在非编码DNA中。同样，这些似乎不影响健康，但可能影响某些基因的表达，尤其是那些处于选择性进化压力下的基因。

遗传密码中任何特定部分的默认拷贝数为2，即每个亲本一个（1 + 1 = 2）。副本编号变化（CNV）指的是对该默认值的更改。变化是诸如DNA序列缺失（删除）或额外副本（插入）之类的事情。这些统称为"插入缺失"。

另一方面，人们认为结构变异是由数千年前病毒DNA插入的残留物所致。这些残留物似乎并未增强健康，反而增强了人类的适应能力，赋予了他们选择性的优势。人们认为这种变化在很大程度上不会影响我们今天的分子工作，因此，绰号"垃圾"如此令人怀疑。但是，实际上，我们对它真正影响我们工作方式的了解才刚浮出水面。它可能比"垃圾"概念所暗示的更具影响力。

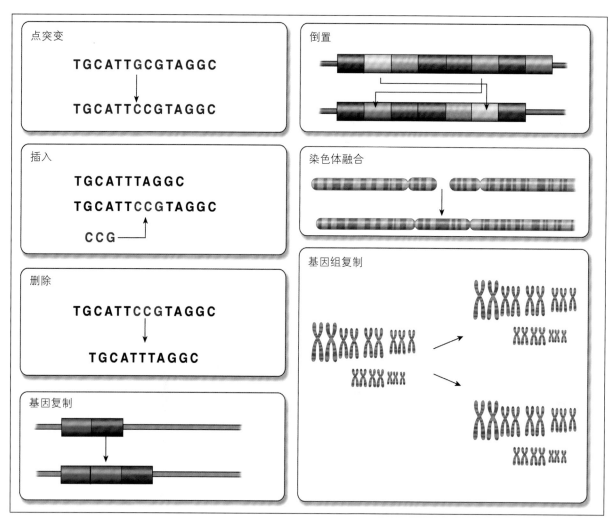

▲ 点突变或单个碱基的变化不会像遗传密码中的其他变化那样影响碱基的数量。

如何预测致病性

已经开发了几种不同的软件程序来预测致病性，即某种致病能力。这些软件考虑了变体可能对蛋白质功能的潜在影响。这些计算机化工具被称为计算机分析，包含了许多不同的因素，与是否引起疾病的计算有关。列举常规使用的软件程序，包括SIFT（从容忍中区分不容忍），PolyPhen-2和MutationTaster-2以及CADD（依赖于批注的组合注释）。这正是如何将等级-3 VUS重新分类为无害的变异或暗示其在医学上的重要意义。

致病变异

人体无法忍受某些遗传变异，因此更有可能对我们的健康产生负面影响。当变体的影响非常严重，以至于所构建的蛋白质有缺陷或根本无法合成时，就将其描述为致病性。正是这种类型的变异导致遗传疾病。迄今为止，科学家已经描述了7,000多种病原体。这些变体影响着每17个人中的1个人，因此个别情况似乎很少见，但实际上却很普遍。

当变体部分或完全地破坏蛋白质合成时，它们更可能是致病的。如果变体指的是一个碱基被另一个碱基（例如一个C代表一个T交换）替换，则会将错误的氨基酸引入蛋白质，这可能会完全破坏蛋白质的工作方式。此变体称为错义变体。类似地，变体会错误地将终止信号（无意义的变体）引入基因，从而改变基因转录和翻译的部分。如果整个基因阅读框因不幸的变异（移码）而改变，那么"垃圾"DNA可能会被转录，从而彻底改变了最终的蛋白质结构。同样，删除部分或者甚至全部基因也会破坏构建的蛋白质。

转录因子（促进基因表达的蛋白质）也可能包含致病变异。如果发生这种情况，则不会产生足够的蛋白质。

总而言之，破坏性变异可能会通过产生异常蛋白质（质量较差）或未合成足够的蛋白质（数量错误）来发挥其作用。如果您还考虑了可以打开或关闭基因的表观遗传因素，那么就有另一种分子机制可以改变基因表达，从而改变蛋白质的产生。

▼ 致病性变异会影响人体关键蛋白质的结构和功能。

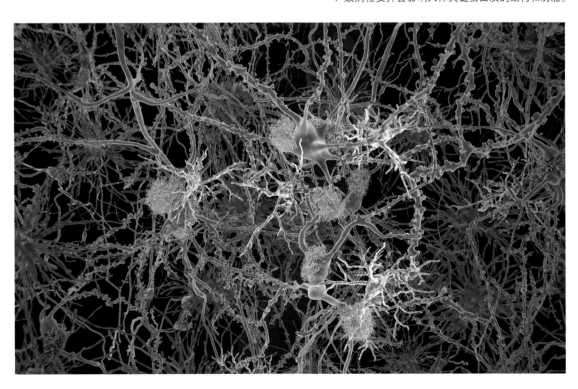

变异的谱图

从无足轻重的损害到彻底的损害，从对分子档案库的好奇到基因表达的增强元素，变异带来了全方位的影响。在详细的基因组测序变得司空见惯的时代，常规检测能检测出数千种遗传变异。

为了理解这个谱图，科学家开发了一种分类系统，可以帮助医生了解正在发生的事情，以便提供重点治疗。美国医学遗传学和基因组学学院与分子病理学协会之间开展联合合作，根据变体的致病潜力对变体进行了系统分类，目的是识别与医学相关的变体，尤其是在罕见遗传病的诊断中。在《美国大学指南》中，密码的无害变异没有出现预期的破坏作用被视为第1类。致病性谱的另一端是第5类，发生在蛋白质编码区域的稀少变异，尤其是容忍变化能力强的序列，它们在许多物种中始终保持一

变异体已经突变

了解遗传变异的概念意味着科学家在提及遗传密码中引起疾病或有害的变化时不再使用"突变"一词。至少从定义上讲，所有变化都可以视为"突变"，但是现在我们知道，绝大多数遗传变异实际上并没有破坏性。将这些视为变化而不是突变，可以帮助我们立即认识到变化并不总是对我们不利。

样。中间的第3类，即未知重要性（VUS）的变体，是决策的围栏，它证明了我们对人类基因组的了解越多，我们仍然需要破译的事实就越多。

我的兄弟，香蕉

我的DNA与我的一个一级亲戚（例如父母或孩子）的DNA有多相似？如果只有50%相同，那么我们与香蕉共享的DNA序列怎么会变成60%？

我们的父母各自给我们50%的DNA序列。我们的DNA是卵细胞和精子的组合，并经过混合和改革，然后在减数分裂时重组。这意味着父母每次传递给我们的完整基因序列都不相同，因此我们的DNA与我们的兄弟姐妹不同，除非其中一个兄弟姐妹碰巧是同卵双胞胎。

如果说我们每个人的DNA有99.9%相同，指代的是我们共有的基因数量和类型，而不是指遗传密码本身的相似性。作为一个物种，人类彼此拥有相同数量的基因和蛋白质。这与黑猩猩（98.5%相似），香蕉（60%相似）和果蝇（47%相似）不同。

人的身体变异

对整个基因组的研究，包括"垃圾"DNA，我们对那些使我们与众不同的基因有了宝贵的见解。我们每个人看起来都不一样，即使同卵双胞胎也表现出差异（尽管可能只是相对于他们的母亲）。从童年成长图表和学校班级照片可以看出，在任何给定的年龄段，有一系列公认的健康高度都是可以接受的。为什么？由于遗传密码中那些细微的变异。

通过对整个基因组中不同标志物和变体的研究，我们已经确定了少数影响高度的SNP。通常，这些标记物在远低于平均身高但仍处于统计正态分布范围内的人群中被鉴定出来。这些变体不是致病的，它们不会破坏任何蛋白质，但是它们似乎对生长有一定影响。发现它们通常与生长基因非常接近，例如，当病原体变异破坏其功能时，可能导致侏儒症。

科学家发现了决定鼻子和下巴形状的遗传因素。我们已经找到了其中一种基因RUNX2，它具有触发骨骼中I型胶原蛋白基因表达的能力。RUNX2中的遗传标记变体也与我们鼻子的宽和尖有关。另一个基因EDAR中的微妙变异与我们的下巴突出多少有关。我们将来可能会发现许多其他标记，可以识别物理变异背后存在的原因，每种标记具有不同的影响潜力。

▼遗传变异会造成身体特征变异，例如身高。

理解一切

人类基因组很复杂。幸运的是，我们对21世纪的技术触手可及，因此我们可以开始理解这一切。利用计算机科学和基于互联网的技术，以及不断改善对该领域的理解，我们可以对遗传密码中提取的数据进行测序、分析、解释和存储。通过国际共识确保了全球范围内的标准化操作，使我们现在能用代码解锁所有秘密。

基因命名

命名过程是根据专门任命的委员会（人类基因组组织基因命名委员会，HGNC）制定的规定进行的。他们根据编码的蛋白质的功能命名基因。例如，COL1A1是指胶原蛋白I，同时将病症与病原变异体联系起来，例如神经皮肤疾病中影响神经和皮肤的神经纤维蛋白，以及神经纤维瘤病或与基因中的病原体变异相关的同名综合症，例如金刚砂–德雷福斯肌营养不良症。它们也可以用获批的缩写来表示。用这种标准化系统的方式命名，消除了混乱的可能性。

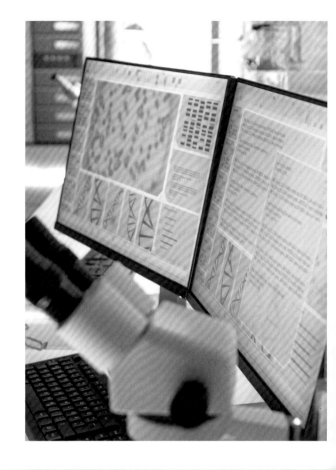

▶ 先进的技术促进了对人类基因组的了解。

疯狂的边缘

在人类基因组组织基因命名委员会（HGNC）成立之前，人们命名基因时产生了一些趣事。为了研究蛋白质作用的方法，故意破坏构成蛋白质的基因并观察作用效果。就果蝇、黑腹果蝇而言，这导致产生了一些相当古怪的基因名称。

在实验过程中，科学家去除或"敲除"果蝇早期发育过程中的某些蛋白质，结果发现产生的果蝇具有非同寻常的特征，并根据它们的外观命名：疯狂的边缘和印度的刺猬。当同一领域的另一位研究人员正在寻找一个名字来称呼他发现的基因时，他决定使用"声波刺猬"，以向他的孩子当时玩的计算机游戏致敬。

基因组构建和浏览器

基因组浏览器是基于网页的工具，可提供有关不同物种基因组信息的访问。它们充当整个遗传密码的参考库，研究人员和科学家可以使用这些浏览器来帮助他们分析和解释遗传数据。我们可以通过多种不同方式使用它们，包括识别高度可变的区域以及具有医学相关性的罕见病原体变体，并比较不同物种中的同一基因，以发现功能相似性并探索进化保守性。

人类基因组计划导致了参考基因组的创建，这是可以与其他 DNA 序列进行比较的黄金标准。用科学的术语来说，使用相同的参考基因组可确保一个实验室与下一个实验室的一致性，换句话说，将苹果与苹果进行比较而不是与梨进行比较。

但是，参考基因组永远不会固定，需要定期更新和整理新发现的，从而更好地了解遗传密码。最新版本的基因组参考联盟人类基因组第 38 版（GRCh38），已于 2017 年 12 月发布。任何人都可以访问人类基因组浏览器 Ensembl（www.ensembl.org）和加利福尼亚大学圣克鲁斯分校（https://genome.ucsc.edu）。这些浏览器还有许多其他用途，并且起着至关重要的作用。

▼ 技术有助于建立人类基因组的图片，科学家可以利用它们来探索遗传密码的奥秘。

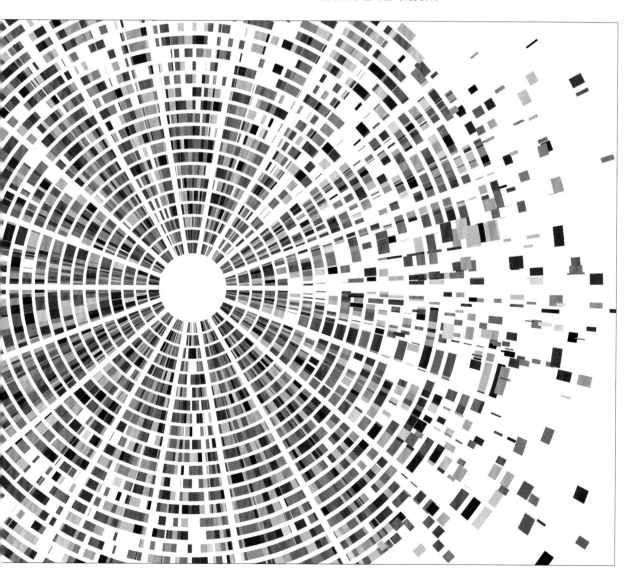

生物信息学工作流程

分析：
　　首先，对基因组数据进行分析，识别个体遗传密码中的所有不同变体。这称为变体调用。科学家需要基因组数据库来提供参考，使他们能够确定已知变异是否发生在DNA或遗传基因座的任何特定位置，并且还要确保每个变异名称的一致性。不同实验室用相同方式注释这些变体至关重要，能使比较基因组以有意义和有用的方式进行。

过滤：
　　下一步是过滤并删除不需要的变体。以罕见病变体为例，将生物信息过滤器设置为排除那些在种群中非常普遍以至于不会造成破坏的变体。理想情况下，该步骤导致解释步骤的变体列表更短。

解释：
　　这个过程需要更多的数据库资源，以进一步收集基因信息：已发现残存变体的基因，它们编码的功能蛋白质以及变体引入的潜在破坏作用。为了改进对基因组数据的解释，生物信息学管道正在不断地重新设计和开发。

现在我们只需要存储所有这些信息

生物信息学解释

　　为解决如何处理读取遗传密码产生的所有数据的问题，高通量测序的出现为此带来了新的挑战。生物信息学最初是为了将计算机科学应用于生物信息而开发的。它也可以应用于基因组数据。这要求将不同的资源（例如参考数据库和软件工具）整合在一起，以管理每次遗传密码测序时识别出的30亿个碱基和数千个变体。通过将计算分析与生物学知识相结合，生物信息学家可以深入研究基因组，找到他们感兴趣的区域。例如，在罕见病遗传学中，整个基因组中可能只有一个致病变异导致了医学病症。从30亿个碱基到特定的碱基，需要一个生物信息流水线或工作流水线来完成任务。

大数据

　　数据是以电子形式收集的信息单元，供计算机存储和使用。"大数据"是海量且极其复杂的信息，因此常规存储和分析方法是完全不够的。例如，一个文件包含一个人的遗传密码的读数。这30亿个碱基需要100 GB的计算机存储空间，即10万亿个存储单元。重复多次，这对后勤工作来说是重大挑战。

大数据的世界由五个 V 来支撑和定义：数量（数据量），速度（接收速率），多样性（多种不同类型的数据），准确性（可信赖性）和价值（发现有用信息的潜力）。技术进步改善了计算机分析程序，并降低了大规模处理大数据的成本。将生物信息学信息与其他大数据源（例如电子病历）联系起来，以寻求提供真正个性化的医疗服务，在存储方面将面临着下一个逻辑挑战。

基因专利

对某些人来说，在发现基因及其功能后，未来它们的使用权具有开放性。基因专利是对最初确定该基因的个人或机构的特定基因专有权利的法律授权。这些权利与该基因的使用方式有关，例如用于诊断测试、科学研究或商业开发，并且可以使用 20 年。

2013 年在美国授予 4,000 多项基因专利后，美国最高法院裁定，实际上，基因无法获得专利。但是，在欧洲只要已鉴定出的基因具有以前不知道的功能，并且具有潜在用途，就可以申请专利，这可能应用在医学上，例如开发挽救生命的药物。

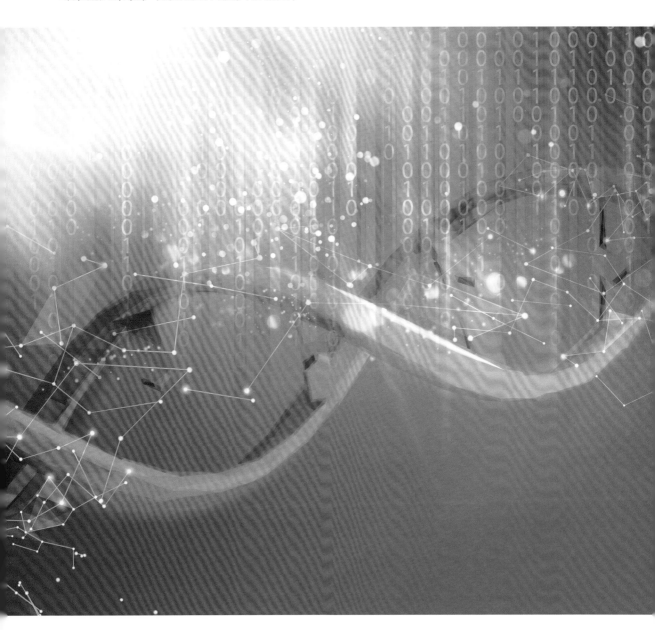

组学科学

基因组学涵盖了遗传密码的各个方面。它不仅涉及编码蛋白质的部分，而且涉及从头到尾的所有内容，没有任何限制：其结构、功能、其变异、"垃圾"、其进化、其图谱、其组织–完整的目录。据此，开发了许多其他生物文库，它们是基因组学领域的分支，一起被称为组学。

转录组

所有mRNA转录物的目录，即蛋白质制造过程中从遗传密码中首次读出的转录物，被称为转录组。它由杂志的所有文章组成，没有散布的广告，这些广告已被拼接，只剩下基本的阅读内容。转录组是指一个特定细胞产生的所有mRNA序列，或来自某个组织的一组专门细胞的mRNA，或与生物体产生的所有转录本有

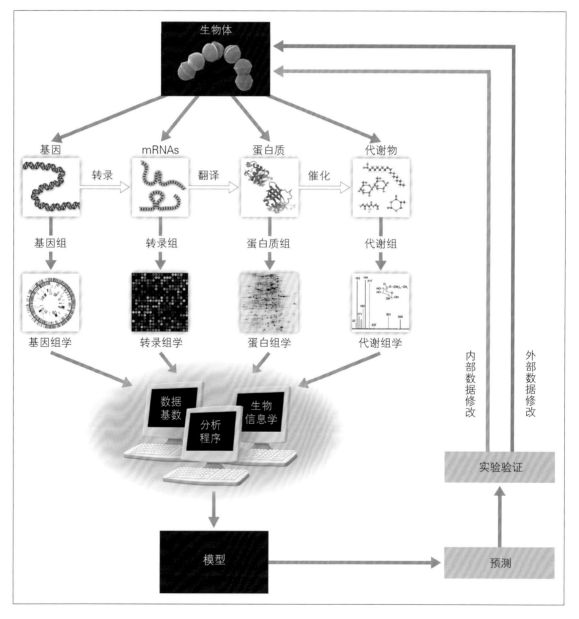

关，例如人类。它构成了第一次读取的基本遗传密码和继续生成蛋白质的序列。

蛋白质组

蛋白质组是人体合成的蛋白质的完整集合，其中有数千个。人类基因组中有20,000个基因，但是人类蛋白质组中的蛋白质却是它的三到四倍。对此的一种解释是，单个基因可以产生形式略有不同的相同蛋白质，具体取决于表达的位置和用途。对两种组织进行比较，一种组织中的最终蛋白质可能更短、更紧凑，这是通过称为选择性剪接的过程实现的。这使相似的蛋白质通常在长度上略有不同，以适应组织环境的需要。

代谢组

蛋白质组学的一个子组是代谢组。特指与运行人体新陈代谢系统有关的蛋白质组，所有构成通道和酶促过程的化合物均使我们在细胞水平发挥功能。研究代谢组学可以帮助我们了解细胞的工作方式以及单个要素发生错误时的情况，例如遗传性紊乱导致先天性代谢病。

变异组

变异组研究集中于一个人到另一个人的数千种差异，这些差异构成正常人类的遗传变异。基因组测序技术的进步使我们看到了整个遗传密码中所存在的巨大差异。为什么我们具有这些差异，它们的含义以及它们的起源越来越引起科学界的兴趣。国际合作方面也做出了努力，例如"人类变体"项目和"国际堆图项目"，都试图回答这些问题。基因组变异数据库正在整理所有已鉴定的变异，以全面了解人类遗传变异的规模，这是一项重大任务。

表观基因组

表观基因组是所有表观遗传标记和遗传密码的化学修饰的集合，这些遗传标记是不可遗传的。令人着迷的概念是，随着时间的流逝它会发生变化，因此一个人的表观基因组在生命中不会保持不变，而是会随着环境因素和衰老过程的变化而变化。这个生物科学的分支会不断发展，为我们提供宝贵的见识，了解简单的生活对我们遗传密码的影响以及先天与后天之间是如何相互作用的。

细胞组

我们现在真的要缩小规模了。在称为纤毛的特定细胞器中发现的蛋白质统称为纤毛组。纤毛是一些特殊细胞的细胞膜上突出的尾状延伸物。这类纤毛细胞位于眼睛的后视网膜，某些类型的肾细胞，以及位于骨头末端的关节和生长板中的软骨形成细胞。它们还负责建立早期胚胎的左侧和右侧模式。

当纤毛细胞出现问题时，胎儿会在身体器官的另一侧发育，即位置倒置，这实际上意味着一切都在相反的位置。近年来出现了一组以纤毛功能异常为特征的罕见遗传疾病，称为纤毛病。由于研究人员积累了对此类疾病的深入研究基础，我们现在可以开发有针对性的治疗方法，以帮助受影响的人克服疾病。

▼ 在电子显微镜下观察到的细胞的茎状投射是纤毛，可以感知细胞外发生的事情。

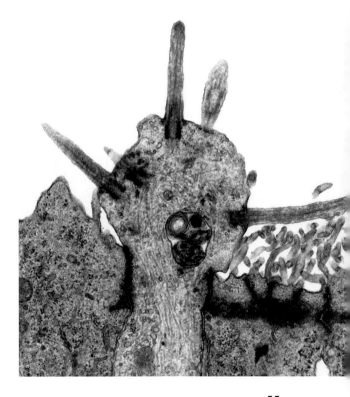

第三章
研究古DNA

揭示人类历史一直是考古学家和人类学家的工作领域，他们精心收集和整理文物并研究我们远古祖先的遗骸。出现一个历史记录，结合所有可用证据，对它们进行解释，以便我们可以想象过去的景象。

DNA和考古学

解 释考古发现可以为我们提供对过去的宝贵见解，例如我们远古祖先使用的工具，甚至是骨头和牙齿的碎片，但要填补这些空白，就需要一定的创造力，来替代破译这些古老线索的考古科学。但是，当DNA和考古学融合在一起时，人类最早的起源便开始以无尽且出乎意料的方式展现。

DNA和化石记录

诸如箭头和燧石、陶器和陶器材料、珠宝和硬币之类的文物揭示了古老的习俗，并向我们展示了祖先是怎样生活的。根据找到的几千年的骨骼和牙齿，考古学家就可以研究其拥有者的身体特征，然后我们可以推断出它们的身高、头骨形态和面部形状，然后将它们与现代人类的类似特征进行比较。

观察牙齿的大小和形状可以使我们了解祖先的饮食是什么样的，例如，是植物性还是肉食性的？骨头破裂或骨头中的缺陷可能揭示受伤或疾病造成的死亡原因，从而洞悉过去生命的危险。结合所有这些信息，我们就可以了解人类随着时间的推移发展和进化，是如何建立自己的。

放射性碳测年

但是，考古学研究涉及很多根据性的猜测。如果有一种万无一失的科学方法可以解释历史记录，支持考古结论或填补空白，该怎么办？

放射性碳年代测定法使我们能够分辨出包含源自植物或动物材料的有机物的古代物体的年龄。生物的成分包含不同形式碳的同位素。这些同位素之一叫做碳14，生命中所有生物不断从环境中获取碳14。然而，死亡后，碳14通过称为放射性衰变的过程缓慢分解。

放射性衰变是可以预测的。因此，算出某物体内仍含有多少碳14，便为我们提供了一种方法来估算该物体的年龄，只要该物体的历史小于50,000年。这是因为一旦某个物体的寿命超过50,000年，放射性碳测年就不再准确。

▼ 缓慢而艰苦的人类头骨考古发掘。

▼ 将新的科学方法与考古发现相结合是一种有力的组合。

结合艺术

因此，科学可以支持考古学计算出包含有机物的遗骸的年龄，例如来自尼安德特人的骨骼和牙齿。但是，如果我们可以用其他方式使用这些生物标本而放弃过去的秘密怎么办？也许它们会使我们更接近我们远古祖先的遗传密码。将这些信息与考古发现相结合，我们不仅可以将古代人类的基因组成与我们自己的遗传构成进行比较，以进行深入研究，而且还可以开始计算出我们来自何方，也许我们该往哪里去。

发现尼安德特人

尼安德特人是已灭绝的早期人类，生活在40万至4万年前的欧洲和亚洲。之所以这么称呼它们，是因为1856年，采石场的工作人员在德国莱茵河地区杜塞尔河沿岸的一个小山谷尼安德特人的采石场中发现了第一个标本——16个骨头碎片和一个头骨。很快发现这些遗体与我们属于不同的种群。发现之后，专家们意识到19世纪初在比利时和直布罗陀发现的化石也是尼安德特人。

自那时以来，已经发现了400多具骨骼，位于葡萄牙海岸的菲盖拉·布拉瓦的最西端，向东扩散至伊拉克，向南扩散至索马里，向北扩散至西伯利亚。法国和克罗地亚的克拉皮纳都出现大量的遗迹地带。通常，这些遗骸以及其他尼安德特人的手工艺品都在山洞中被发现了，这就是我们俗称的"洞穴人"。

缺失的链接？

在进化道路上，大约50万年前我们拥有一个共同祖先，这些远古人类被认为是我们最亲密的祖先。1859年，在首次发现尼安德特人之后的三年，查尔斯·达尔文（Charles Darwin）出版了《物种起源》，揭示了他的理论：种群是通过自然选择而进化的。想象一个史前世界，我们这些远古的亲戚在其中漫游，只需要有创造力的头脑，就能将他们的存在与我们现代人的出现联系起来一样。但是，如果我们有一种时光倒流的方式，并利用现代技术将过去带入现在，会怎么样呢？

▲ 根据最新的考古资料，对尼安德特人进行了惊人的改造。

DNA挖掘

解密时间秘密的能力已经以遗传密码的形式出现：毕竟，DNA存在于尼安德特人的骨头和牙齿中，就像存在于我们自己的身体里一样。如果我们能够解决棘手的问题，那就可以运用当今的技术进步对遗传密码进行排序。这样，我们可以将祖先的基因与我们自己的基因组进行比较，寻找相似之处和差异之处。这将创建一种地图，绘制我们的远古祖先到现代人类的演变道路。

提取古DNA

提取古DNA并非不存在主要的方法学难题，科学家必须努力克服这些难题。尽管DNA是非常稳定的分子，具有很长的保存期限，但它会随着时间的推移而降解。包含30亿个碱基对（A、C、T和G）的长链DNA会断裂，从而在代码中留下很大的缺口。当尼安德特人被首次发现时，一些骨头被严格清洁，减少可研究的DNA数量，便于现代科学家研究。标本的污染使问题进一步复杂化，早期测试表明，看似尼安德特人的DNA实际上是微生物起源的，它们是细菌和其他微生物的栖息地。它甚至包含属于实验室科学家自身的DNA。当我们面对如此低的DNA浓度时，即使是现代人类皮肤或头发上的微小污染物也可能淹没尼安德特人的DNA。

因此，研究古代遗迹的专家已经开发出了提取DNA的技能和方法，运用专门设计的设施来防止这种污染。他们实施质量控制检查，以确保DNA的纯净。此外，他们已经确定了哪一部分骨骼最有可能丢失DNA。现在，科学家们已经设法从各种古代遗迹中提取出数千个标本进行基因检测。

▼ 考古学家在尼安德特人的发掘现场检查骨骼化石。

如何在厨房中提取DNA

您可以自己提取DNA，例如，从家庭中常见的水果中提取。DNA包含在果实的种子中。本实验使用草莓，但是猕猴桃和香蕉也可以。您需要做的就是从细胞内部释放DNA，然后它会出现在您的眼前！

你需要
- 3~4个成熟的草莓
- 1个拉链袋
- 2个玻璃容器
- 2茶匙洗洁精
- 1/2茶匙盐
- 120毫升水
- 1个咖啡过滤器
- 外用酒精（也称为异丙醇）
- 1根鸡尾酒棒或竹签

方法

1 将草莓放入自封袋中，并在此过程中轻轻挤出空气（只是为了防止袋弹开），然后将其密封。

2 用手将草莓捣碎。这会破坏水果中的细胞，从而更容易释放DNA。

3 取一个玻璃容器，轻轻地将洗涤液、盐和水搅拌在一起。这将产生裂解溶液，该裂解溶液将打开细胞并释放内部的DNA。

4 将此溶液添加到袋装的草莓中，然后再次密封。轻轻地将溶液与水果混合，注意不要使气泡过多。现在，DNA溶解在袋子内的混合液体中。

科学家在科学和医学遗传学实验室中采用了相同的方法原理，即使用血液和唾液样本代替草莓。

5 将咖啡过滤器放入第二个容器中。将袋子中的液体倒入过滤器进行过滤。将过滤器的边缘向上拉成气球状并轻轻挤压，使液体通过，将草莓渣留在过滤器中。

6 现在从溶液中取出容器内的DNA。通过添加与溶液相同量的外用酒精，将杯子内的液体量增加一倍。您应该看到杯子内部有两层，底部有草莓色，上层呈白色粘稠状。

7 用鸡尾酒棒或竹签挑起最上面的白色粘稠液体。看呐，这是纯净的DNA！

我们的遗传史

开始谦卑地对古DNA进行分析和解释的过程并不简单。但是，近年来，在整个基因组学领域中，重要的进展与重大的改进并存。在研究自身的进化途径中，重点已从线粒体和Y染色体内的DNA转移到寻找基因组DNA中包含的更大序列。

从血液开始

最初，科学家使用从古代遗体中提取的劣质、受污染的DNA来研究血型，分为A、B、AB和O，并称为ABO血型。当科学家们意识到编码血红蛋白的基因，其细微变化可能会导致产生不同的蛋白质时，遗传水平上的ABO血型首次成为了遗传变异研究的基础。但是该系统极为有限，因为血液种类很少。

然而，对线粒体和Y染色体DNA的研究提高了人们的期望。线粒体DNA受随机变化的影响要小得多，因此可以沿雌性系传播，通常保持不变。我们能够计算出新变化的累积速率。因此，比较各个人群的线粒体DNA可以得到一个时间表，将一个人群的起源与另一个人群联系起来。引出带有线粒体夏娃的概念，这个概念化的人应该存在于166,000至200,000年前。科学家以类似的方式进行Y染色体变异的研究，通过国家地理学会的2005年地理学计划，进行了人口测试和100万人的线粒体DNA分析，为该研究提供了极大的帮助。

DNA能告诉我们过去的什么

从古代遗迹中提取高质量DNA的重大改进带来了前所未有的突破，也同时伴随着DNA时代固有的挑战。随着时间的流逝，DNA会降解、衰退和碎片化，从而在代码中留下空白。但是我们仍然可以使用它来绘制整个基因组中的遗传变异，从而让我们能识别具有相似血统的人们共享的独特遗传特征。更有效地提取古DNA，绘制人类遗传变异图，然后运用复杂的数学公式释放其全部潜能，这些伟大的发展开辟了无数可能性，改变了我们对人类进化和人口迁移的理解。

使用线粒体DNA

1987年，丽贝卡·坎恩（Rebecca Cann）

快速修订

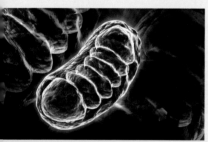

在继续之前，值得回顾一下第一部分中介绍的一些材料，因为它构成了我们如何使用DNA绘制过去的基础。

线粒体（Mitchondria）是在细胞的细胞质中发现的数百个强大分子，它们含有自己的DNA片段。它比细胞核中的DNA短得多，几乎完全是从母亲的卵细胞中遗传而来的。核DNA存储在染色体中，这就是构成基因组的部分。只是父亲有一个Y染色体，所以其中所含的DNA只能从父辈传递给儿子。男性和女性都有1至22和X染色体，这构成了基因组DNA的大部分。

为了找到遗传密码之间的异同，我们看一下遗传变异的程度。这些包括SNP，即单核苷酸多态性，指其中一个人可能有一个T碱基，另一个人可能有一个C碱基。这些成千上万的细微变化通常不会影响蛋白质的工作方式，而在种群中累积后造成随机遗传变异。

每次卵细胞和精子形成时，负责形成配子的细胞都会经历减数分裂，即减少分裂过程，这意味着23条染色体来自母亲，23条染色体来自父亲。在染色体对分离之前，它们聚集在一起以减数分裂重组的方式交换物质。这意味着传递给下一代的染色体与一个亲本并不完全相同，而是两者的融合。

为了实现这一点，需要在染色体上进行断裂、交换，然后重新密封。在一种称为连锁不平衡的现象中，彼此靠近的染色体，其记忆单位更有可能保留在新创建的染色体上，而相距较远的染色体则更有可能不会一起传递。

分析了来自世界各地（例如日本，南非和东非以及美洲原住民）的147个人的线粒体DNA，从而了解我们是如何与我们最近的共同祖先联系起来的。跟踪样本中的某些标记，并将其与人们的起源相匹配。随后，她不仅对它们进行相互比较，而且还与黑猩猩线粒体DNA中的标记物进行了比较。在她的研究发表之前，人们一直认为智人是从200万年前的一个共同祖先演化而来的，在整个旧世界的许多不同地方进行独立发展。这就是所谓的多区域理论。相反，坎恩对线粒体DNA的分析显示，所有人类都起源于非洲并且在20万年前有着共同的祖先。

使用Y染色体DNA

分析Y染色体DNA也与先前的理论呈现出两个主要的偏离：首先，与坎恩发现的一样，它确定了多区域概念是不准确的。其次，也像坎恩一样，指出我们不是在200万年前共享共同祖先，而是比这更早。使用Y染色体DNA方法进行的研究证实了坎恩的发现，首先是人类起源于非洲，其次是距今仅20万年前拥有共同祖先。

基因组作图和四群体检验

建立基因组相似性和差异性的图谱，是构成群体遗传学的科学分支的基础。与来自完全不同背景的人相比，具有相似遗传背景的人更有可能彼此共享相似的DNA序列。

要绘制不同种群的不同变异模式的图谱，需要在整个基因组的某些区域找到关键的SNP，并鉴定已经遗传的共同遗传单位而未经历重组的DNA序列，即那些较高连锁不平衡的区域。这意味着我们可以创建一个具有不同基因组特征的图谱（具有相似遗传背景的种群特征标记），然后对其进行详细研究，以进一步了解其起源和作用。

来自哈佛大学的研究古DNA的先驱遗传学家戴维·赖希（David Reich），通过比较种群的遗传图谱，开发出四群体检验，是作为识别不同种群亲属关系的基础。正是他与瑞典遗传学家斯万特·帕博（Svante Pääbo）和该领域的其他领导者合作，彻底改变了从古代遗体中提取DNA的方法，并设计了数学模型来解释基因组内部的复杂线索。

在四群体检验中，比较了来自四个不同种群的个体之间的一系列遗传标记。其中，在特定的基因组位置或基因座，种群1具有A；种群2，一个T；种群3，一个T；种群4，一个T，人们认为或推断，种群2和种群3比种群1和4更有可能具有共同的遗传背景。当这一过程在大量的基因组中复制时，我们可以建立每个种群的代表性签名图。

四群体检验（蓝框）

戴维·赖希（David Reich）开发了四群体检验，此方法是根据共有的遗传变异来确定不同人群之间亲属关系的方法。

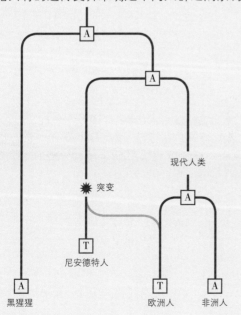

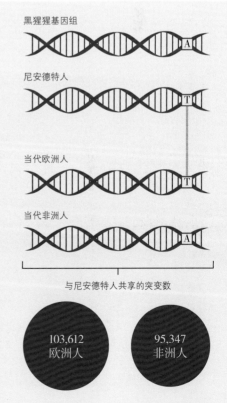

黑猩猩基因组

尼安德特人

当代欧洲人

当代非洲人

与尼安德特人共享的突变数

103,612 欧洲人

95,347 非洲人

现代人类的起源

戴维·赖希（David Reich），他的团队及其国际合作者的开创性工作改变了人类遗传学领域。对尼安德特人DNA的研究使我们能够开始解决考古学家和人类学家关于我们与尼安德特人的联系以及我们祖先起源的所有问题。

古人类

现代人类来自智人。化石记录显示，在我们之前还有其他物种——古人类。例如，在多个地方发现了与直立人有关的化石，包括南非、中国、西班牙、印度尼西亚和肯尼亚。我们认为，直立人生活在180万年前，比距20万年前的智人要久远得多。对直立人骨骼的研究表明，这种古老的物种像我们一样两条腿行走，并且体型相似，但是其头部比一个更早的祖先（在1974年非洲埃塞俄比亚发现的320万年前的露西骨骼）还大。

▼ 在非洲肯尼亚发现的一个直立男孩的化石骨骼。

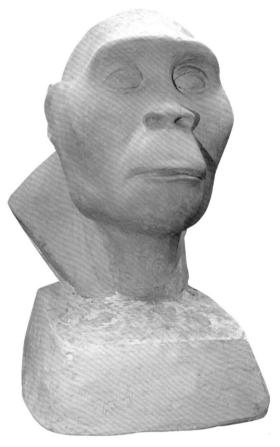
▲ 计算机生成的阿法南方古猿头部的模型，称为"露西"。

露西（Lucy）属于南方古猿（afaruslopithecus afarensis），比直立人更像猿。该物种的祖先邻居——能人，之所以这么称呼是因为他们用自己的双手，于210万到150万年前定居于非洲。

从所有这些化石记录中，我们知道现代人类起源于非洲，而且一定来自非洲。

印度尼西亚东部弗洛雷斯岛上的化石记录揭示了古代人类的另一种物种弗洛雷斯人的存在。遗骸表明，该物种比我们今天矮得多，大约只有1.1 m高，并且该物种的身体结构很可能比古代人类和猿类更像现代人类。

你内在的尼安德特人

有趣的是，撒哈拉以南的非洲没有提供尼安德特人在那里存在的证据。这表明尼安德特人的起源是不同的。放射性碳测年告诉我们，尼安德特人大约在50,000年前就灭绝了。这样一来，现代人和尼安德特人就有可能存在联系。尼安德特人的基因组研究表明我们确实与尼安德特人有联系。

使用四种群检验，戴维·赖希（David Reich）比较了尼安德特人、黑猩猩、当今非洲人和当今欧洲人的标志性基因组。这项激动人心且突破性的研究表明，当今欧洲人的基因组中有1%~2%包含尼安德特人DNA的标记，而非洲人的基因组则没有。这项工作的结论是，尼安德特人和现代人类不仅存在互动，而且还存在杂交，将他们的足迹印在原始欧洲人进化的遗传密码上。但是，没有发现相反的情况，因为在尼安德特人DNA中没有发现现代人类的标记。

通过对这些古老人类与现代人类的基因组进行定位和比较，我们现在知道，虽然一个人类物种或亚种正在非洲发展且存在，但另一个亚种已经进入欧洲。不仅如此，我们还知道，它们并不是相互独立，而是相互作用并繁殖。

▲ DNA分析表明，现代人类与古代人类灭绝之前就已杂交。

我们不知道为什么尼安德特人最终灭绝。一些人假设可能是现代人对他们进行了迫害，为了生存所需的资源战胜了他们。无论如何，基因组记录证明尼安德特人确实生活在今天，至少以基因组的形式存在。

我们可以把尼安德特人带回来吗？

换句话说，我们可以使用人类DNA克隆尼安德特人吗？简单的答案是"否"，出于同样的原因，我们不能克隆智人。即使从理论上讲，执行人类克隆的方法也充满了技术和遗传难题，这些难题是如此复杂，以至于无法克服。从骨头和牙齿中提取的古DNA非常有限，重要的是它不完整。由于这些技术被禁止，我们不会看到尼安德特人再次在地球上漫游！

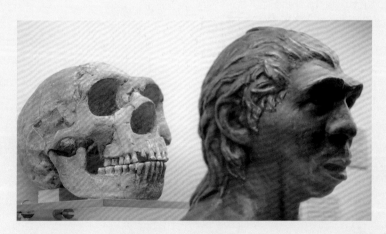

▲ 尼安德特人的头骨和重建的雕塑在2018年的进化论展览会上展出。在技术层面上从尼安德特人的化石遗迹中提取DNA是非常困难的。

认识丹尼索瓦人

通过研究古DNA了解古代人类，真正发挥了作用的是对古DNA进行的测序，这使科学家能够通过数学模型预测尼安德特人之外的其他古代人类。这些人与尼安德特人密切相关，但又与尼安德特人不同，他们也与现代人交互。2010年在西伯利亚阿尔泰山脉丹尼索瓦的一个山洞中发现了一根骨头和一颗牙齿，这是考古遗漏的一个环节。对这些人工制品中的DNA进行测序，可以证实预测的"幽灵"种群的存在，这是一个古老的种群，现在被称为"丹尼索瓦人"。

因此，丹尼索瓦人和尼安德特人都与现代人类有交互，但是，随着我们的繁荣发展，它们已经灭绝了。将古代人类DNA的分析与更复杂的数学模型相结合，意味着科学家可以从不断增长的DNA证据中推断出现代人类是如何建立的以及他们如何在全球范围内迁移，从而与古老的人类竞争成为我们今天的主要物种。

▼ 俄罗斯西伯利亚丹尼索瓦洞穴的考古发掘现场。

尼安德特人（Hander neanderthalensis）或智人（Homo sapiens）

尼安德特人是否属于现代人类的一个独立物种（尼安德特人），还是一个亚种（智人）的一部分，这引起了激烈的争论。严格来说，如果没有遗传的相互作用，则认为物种是独立的。考古记录始终表明情况确实如此，因此尼安德特人应该就是他们的名字。但是，基因组测序表明他们存在一定程度的遗传混合：你好，智人尼安德特人！

当不再有遗传混合时，就开始了独立物种的形成，人们认为这是尼安德特人灭绝前的最后一万年的情况，从而使我们成为了独立物种：欢迎回来，尼安德特人。因此辩论仍在继续……

美丽身体

我们可以从许多可供研究的尼安德特人骨骼中看出，尼安德特人比我们矮且胖，并且大脑更大。他们生活在更寒冷的欧洲，因此科学家认为他们的身体特征适应了环境。存储在其DNA中的信息仍可能为我们提供足够的信息，以使头发、眼睛和皮肤颜色更准确。

仅需细小的手指骨头和大的臼齿，就可以确定丹尼索瓦人的外观。但是，随着DNA分析技术的突飞猛进，也许有一天DNA记录也会对此有所启发。

智人
16万—4万年前

尼安德特人
丹尼索瓦人
300万—3万年前

赫尔梅人
40万—20万年前

尼安德特人
50万—2.5万年前

直立人
100万—150万年前

海德堡人
70万—40万年前

东南亚

1000万年前

祖先
120万—65万年前

系亚

系非

系欧

北京直立人
125万—30万年前

直立人
135万—70万年前

匠人
160万—130万年前

树居人
200万—100万年前

2000万年前

卢多尔夫人
230万—150万年前

能人
235万—150万
年前

3000万年前

南方古猿非洲种
350万—245万年前

南方古猿阿法种
390万—255万年前

4000万年前

67

家是DNA存在的地方

近年来，古代DNA技术领域的发展非常迅速，科学家现已对1000多个古代人类标本的基因组进行了测序。扩大了我们可应用知识的可能范围，这意味着古DNA分析可以绘制一张图片，甚至可以描述世界不同人群的起源，并揭示人类历史迁徙的模式，从而弄清现代人类如何使世界成为家园。

戴维·赖希（David Reich）和他的哈佛同事尼克·帕特森（Nick Patterson）在来自50个不同现代人群的个体的遗传密码中使用了600,000个位置的遗传标记组合。他们比较并对比了标记，以产生每个标记特有的遗传特征。他们仅根据我们遗传密码中的线索，利用这些信息绘制了祖先迁徙方式的地图。

古北欧亚的"幽灵"

赖希（Reich）和帕特森（Patterson）在研究北欧人，尤其是现代法国人的遗传特征时，有证据表明，北欧人的起源在撒丁岛人（通常被认为是欧洲农民的第一代后代）和美洲印第安人中间有些混乱。

英国人

采集的200具骨骼样本，遍及青铜时代欧洲的钟杯文化，对这些古DNA测序，结果表明欧洲人群的构成各不相同。一个种群来自当今的伊比利亚地区，另一个种群与中欧不同，拥有草原血统，该种族在45,000年前扩散到英国。分析表明，这些早期定居者的遗传背景与荷兰的钟杯文化相关的种群相似，并取代了最先居住于英国和爱尔兰的少数农民。因此，我们知道，中欧掀起了一波移民浪潮，使大草原血统伴随着钟杯文化跨越了海峡。

当用数学模型解释遗传数据时，科学家的计算结果发现了以前没有发现的人群，介于早期人类和现代人类之间的人群。他们称他们为古北欧亚人（ANE），这是一个"幽灵"人群，解释了北欧人是如何与撒丁岛人和美洲原住民建立基因联系的。根据数学推论，ANE是一个已灭绝的人群，它存在于1,500年前，并且为北欧人和美洲原住民的遗传密码贡献了DNA。

这项发现之后不久，丹麦遗传学家埃斯克·威勒斯列夫（Eske Willerslev），被誉为有史以来第一个对古DNA进行测序的人，他对Mal 'ta男孩的基因组进行了测序。这个男孩生活在24,000年前，在西伯利亚中部的贝加尔湖附近被发现。对他的基因组进行分析，表明他是赖希（Reich）和帕特森（Patterson）所预言的缺失环节。他是ANE。

狩猎采集者和牧民农民

整个欧洲的迁移遗传图谱，首先是由线粒体DNA分析形成的，然后是根据基因组的测序结果。考古记录已经表明，人们认为开展有组织的农业生产和驯化劳动所需的动物最早始于亚洲最西的安那托利亚地区。该地区构成了现代土耳其的大部分地区，居住着来自欧亚草原迁移而来的人群，草原范围从西部的匈牙利延伸至东部的蒙古。

2009年，对狩猎采集者以及早期农民的古DNA进行分析，结果发现，这两个物种的线粒体DNA不同，表明它们的来源不同。当2012年将基因组测序引入时，就可以进行更大范围的测序。科学家对8,000年前居住在瑞典及周边地区的狩猎采集者和农民进行了200,000个标记基因的测序。发现这些农民从基因上讲不像现代的瑞典人，而更像撒丁岛人。狩猎采集者也不像现代的瑞典人，这促使人们开展进一步的研究。戴维·赖希（David Reich）在该论题的研究中指出，所有早期的欧洲农民几乎最初从安那托利亚农民那里获得了他们的全部血统。然后，狩猎采集者从其他地区迁移而来，当种群发生互动时，他们的DNA被整合到农民的DNA中。

▲ 欧亚草原从西部的匈牙利延伸到东部的蒙古。

绳纹器商品，颜那亚人（Yamnaya）和博泰人（Botai）

大约4,500年前，出现了一种新的种群，即绳纹器商品文化。他们因陶器上类似绳索的印象而得名，从遗传学上讲，他们的基因来自青铜时代的牧民，颜那亚人，即东欧和高加索地区的狩猎采集者。颜那亚人从欧亚草原向西迁移，这可能是将ANE祖先引入欧洲人群的原因。

驯养和驯服马匹可以帮助人们从一个地方移到另一个地方，使得进一步的跨草原迁移更加成功。直到最近，人们还认为是颜那亚人教会他们的牧民邻居博泰人如何骑马，这些博泰人来自现代哈萨克斯坦的中亚大草原，在考古学中以驯养马匹而闻名。然而，2018年对颜那亚人和博泰人古DNA的分析显示两种群的DNA完全没有混合，表明这两个民族从未互动过。在这种情况下，博泰人必须完全独立于颜那亚人民学会骑马。

▲ 陶器上的装饰性绳状图案使绳纹器文化得名。

印度次大陆

继续向东追踪基因迁移，证实了语言学和考古学研究的结论，即草原迁移导致印度的出现。为了了解生活在该次大陆上的人们的起源，我们需要再次检测线粒体DNA。DNA序列是整个次大陆所独有的，因此印度的祖先必须在很长一段时间内没有混合任何基因，且被分化出来。但是，当科学家查阅Y染色体时，发现他们实际上与西欧亚大陆有着密切的联系，表明存在着混合。因此需要基因组研究来解决这个论点。

因此，科学家们转向位于孟加拉湾的安达曼群岛的印度群岛，以进一步寻求线索来彻底解决疑惑。自石器时代以来的数千年，这期间保证了森蒂纳尔岛的遗传隔离，森蒂纳尔岛是组成300个安达曼群岛中的一个，这显而易见是研究纯净的而无外界混合的遗传背景的起点。

同时，这次使用线粒体和Y染色体DNA，结合整个基因组中的SNP标记分析，对印度25个不同群体进行了测试，根据祖先结果计算他们的相关程度。结果显示，整个欧洲种群和东亚种群之间的遗传变异来自古代种群的混合体：欧洲，中亚和近东人（西欧亚）和南亚人（定义为与东亚人远缘，最接近中国人，但来自一万年前分化的血统）。实际上，从安达曼人的基因分离物中发现的人是该南亚分支的一个分化种群，根本不包含西欧亚血统。因此，DNA显示，由13亿人口组成的印度种群是北祖先印度人（最初来自西欧亚大陆）和南祖先印度人（南亚人与印度以外的当今种群无关）的混合血统。

东亚人和澳大利亚人参加四种群检验

在澳大利亚，有考古证据表明人类活动的历史可追溯到47,000年前，而早于记录显示的现代人类在欧洲的时候。一种理论是，人们迁移到非洲和印度洋沿岸，并通过"南方之路"假说在包括澳大利亚在内的沿途留下后裔。

2011年，埃斯克·威勒斯列夫（Eske

▲ 分析表明，澳大利亚土著居民的基因组中有3%~6%来自丹尼索瓦人。

Willerslev）对欧洲人、东亚人和澳大利亚原住民进行了四种群检验。首先，与南方路线假设相一致，与澳大利亚人相比，欧洲人和东亚人之间的祖先共有性更高。不过，戴维·赖希（David Reich）的解释提出了这种相似性实际上来自丹尼索瓦人的混血。实际上，澳大利亚本土基因组的3%~6%是丹尼索瓦人。

居住在太平洋群岛

研究瓦努阿图太平洋岛上的古DNA可以告诉我们，该岛是最近才有人居住的，至少有两次迁徙浪潮。首先，拉皮塔（Lapita）文化的人们从中国台湾岛乘支腿船迁徙，距今已有3,000年。 他们从这里开始居住在其他太平洋岛屿。但是今天居住在那里的人们至少有25%的巴布亚族血统。DNA分析还表明，这种潮涌发生在26,000年前，主要起源于男性。根据

非洲人

尽管现代人类正在从非洲分化出来，但直到最近，科学家们才对少数非洲基因组进行了测序，其历史可追溯到5,000至15,000年。 这是因为非洲的气候条件阻碍了DNA的充分保存。 一项突破性的发现表明，我们可以更成功地从头骨的某个部位（即头骨的底部）获得DNA，这一点正在开始改变。现在，正在进行一些旨在分析整个非洲古DNA的项目。这些项目的结果肯定会向我们揭示这个广阔的大陆上发生的秘密祖先活动，而从非洲的移徙正在世界其他地方盛行。

科学家已经提出，幽灵种群是我们在埃塞俄比亚、坦桑尼亚和肯尼亚发现的祖先遗传标记。这些人也有可能为非洲以外的人迁移到欧洲和中东做出了贡献。随着在非洲各地获取样本的机会增多以及日益进步的技术使分析成为可能，古老的DNA制图革命改变了我们对移民的理解。祖先的历史将最终使人们了解人类起源地非洲发生的事情。

▲ 萨恩人（或Saan）是南部非洲最古老的居民。

DNA记录，巴布亚祖先对法属波利尼西亚和库克群岛等其他太平洋岛屿的影响又掀起了一波热潮，发生在第一次拉皮塔迁徙的1,500年之后。

现代东南亚人

在2018年，科学家分析了来自8,000年历史前的骨骼的26个古DNA样本。这绝非易事，因为它们是从东南亚：马来西亚、泰国、菲律宾、越南、印度尼西亚、老挝和日本发现的残骸中提取的，这些地区提供的温暖的天气条件使残骸的DNA降解速度快于气候凉爽的条件。分析DNA并将遗传标记与现代东南亚人进行比较，提供了有关祖先起源的宝贵信息。

考古记录表明，该地区有44,000年前的霍阿比昂狩猎采集者，他们因那里发现的石器而得名，其历史可追溯到公元前20—10,000年。在古DNA技术到来之前，人们认为这些狩猎采集者发展了自己的农业实践，或者在第二个主要理论（双层模型）中，稻米农民从中国迁移过来，将他们的技能带给了霍阿比昂。

结果表明，霍阿比昂狩猎采集者确实是东南亚的第一批著民，大约5,000至4,000年前，来自中国南方的农民加入了他们的行列。随后，东亚移民也随之而来。这不仅支持早期居住理论，而且再次表明，现实往往是不同人群多重影响的复杂图景。

美洲原住民

2018年底，戴维·赖希（David Reich）和埃斯克·威勒斯列夫（Eske Willerslev）的研究团队发表了来自北美和南美的64个古代基因组的研究，这些古DNA的历史可追溯到10,900到5,000年前。样本来自最北部的阿拉斯加至最南部的巴塔哥尼亚。结果表明，美洲原住民在基因上具有独特性。至于他们如何到达那里，遗传密码可能会提供有帮助的信息。

一万三千年前，美国原住民祖先在俄罗斯

▲ 6,000年前南美洲人的DNA可以在今天仍居住在墨西哥的土著混血人中找到。

和阿拉斯加之间进行了白令海峡谈判，当时在北极圈正下方形成了一座名为白令海峡的临时陆桥。DNA记录告诉我们，这些冒险的人与25,000年前的西伯利亚人和东亚人产生分化；15,000年前与古北欧亚人（ANE）的"幽灵"种群发生联系。越过陆桥后，有些人就呆在白令陆桥附近，而另一些人则向更南端冒险。然后，这些向南移动的移民演化为两个亚种：南部的印第安人和北部的印第安人。

在美国蒙大拿州发现了一个生活在12,700年前的孩子遗体，称为Anzick孩子。Anzick小孩是猎人的克洛维斯文化的一部分。将来自这个古老美国原住民的DNA标记与在蒙大拿州发现的10,7000年的仙人洞个体以及来自伯利兹、巴西和智利的10,000年的样本进行了比较，表明它们也具有Anzick血统。这表明迁移非常迅速。Anzick的血统也可以追溯到9,000年前的南美。

从DNA记录中也可以明显看出，混合了6,000年前的DNA与当今本地人的混合血统具有一定的联系，这些本地人来自墨西哥的瓦哈卡州，进一步深入南美，在1,000年前进入北美。但是有关远古DNA记录的完整故事尚未完成。迄今为止，尚无法解释在巴西的个体中发现了澳大利亚祖先的遗传特征，这些个体来自今天居住在亚马逊河的人以及距今10,400年前的圣湖镇的一个古老样本。

尊敬的葬礼

检测美洲原住民祖先的遗传标记也有助于准确鉴定曾经受到欧洲移民迫害的土著居民的遗骸。反过来，还有助于将遗体运回给后代。在2018年进行的一系列研究之前，科学家仅对六个美国原住民的基因组进行了测序，但现在，在很大程度上是由于呼吁尊敬埋葬，因而这些古代遗骸的DNA中所含的秘密受到关注。

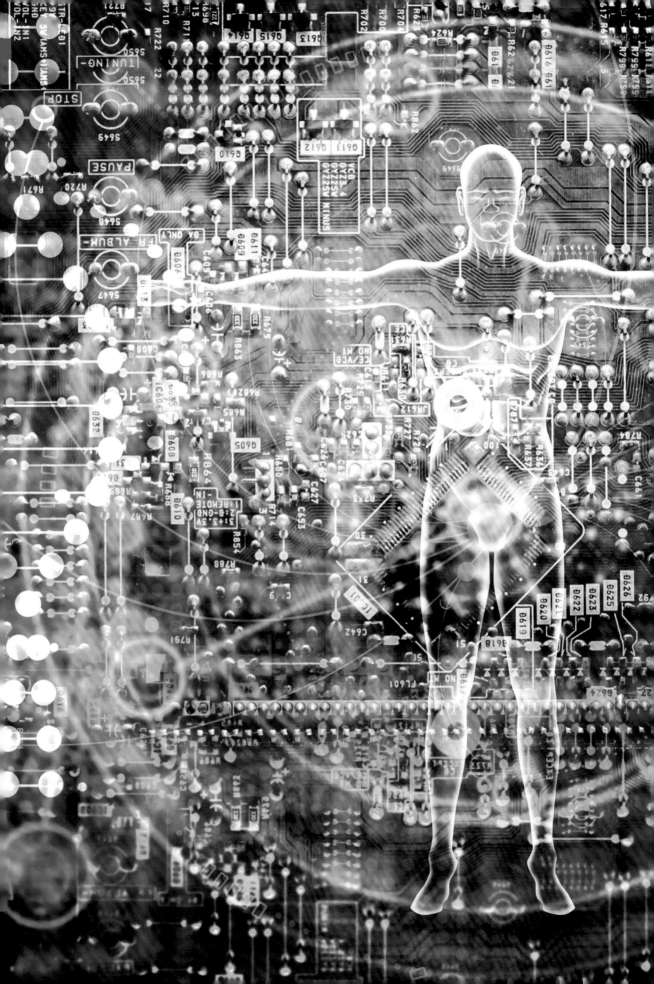

第四章
基因与进化

进化是描述物种在数百万年间身体特征变化的过程，我们可以根据一般起源将所有生物联系起来。人类进化的故事始于灵长类祖先的分裂。这是对我们古人类祖先出现和消亡的解释。它指的是我们现代人类如何经历多种适应性改变，以使我们更好地适应各种栖息地的生活。它甚至扩展到人类独特特征的发展，这些特征使我们在身体形态和认知能力方面与其他灵长类和哺乳动物区分开。

进化史

——系列适应和变化，对环境条件的响应，标志着人类进化的时间表已经持续了很长时间。每种适应都取决于遗传密码中随机引入的变化（历史上称为"突变"）。这些改变仅以微妙的方式影响蛋白质，但是当微妙的效果累积在一起时，它们一起对生物学功能产生很大的影响。

当生物功能的改变使一个物种比另一个物种具有优势时，身体会锁定它，选择它，以便该物种能够繁衍。人类经历了无数种这样的变化，这些变化已经累积了数百万年，每种变化孤立的影响很小，但是有可能从旧物种中创造出新物种。我们知道这一切是因为几百年前进行的不可思议的协同工作。

让·巴蒂斯特·拉马克（Jean-Baptiste Lamarck，1744—1829）

法国博物学家让·巴蒂斯特·拉马克从许多方面入手。他相信，一代人可以将他们一生中获得的身体特征传给下一代，以帮助他们的物种生存——不仅在自己的一代中，而且在下一代中。他以长颈鹿的脖子为例，从理论上讲，某些真正有用的身体特征（例如长脖子可以伸到更高树枝上的叶子）变得更加重要。将这些身体特征代代相传并变成主要突出的特征。拉马克说，这就是为什么长颈鹿的脖子很长的原因。

尽管他早期对进化贡献的某些方面是正确的，但他关于物种如何代代相传某些特征的假设却不正确。实际上，遗传的特征是几种遗传变异积累起来的结果，每种遗传变异影响很小，经过多代人积累起来，便产生了更显著的效应，有利于该物种适应环境。

查尔斯·莱尔（Charles Lyell，1797—1875）

苏格兰地质学家查尔斯·莱尔（Charles Lyell）出发前往意大利海岸的西西里岛进行各种探索性考察。莱尔在这里非常详细地观察到西西里岛的火山景观是如何影响该地区动物的身体特征。他认为生活在那儿的物种最初是从非洲和欧洲迁徙而来，但已发展出某些独特的

▲ 让·巴蒂斯特·拉马克

▲ 查尔斯·莱尔

特征，使它们能够适应新的环境。他的研究也许对进化史上最著名的名字——查尔斯·达尔文（Charles Darwin）产生了关键影响。

思维协作

当达尔文为因猩红热而逝世的小儿子查尔斯（Charles）哀悼时，他的朋友和同事查尔斯·莱尔（Charles Lyell）和博物学家约瑟夫·胡克（Joseph Hooker，1817—1911）向他警告，华莱士有可能因一个宣告将他打败。得知有人描述了他之前所有的研究后，达尔文感到震惊，达尔文非常地开心，因为莱尔和胡克考虑到了他潜在不便的情况。他们决定将华莱士的手稿和达尔文的自然选择理论一起提交伦敦林奈学会。华莱士很高兴并觉得是他对达尔文的督促使他最终继续写《论物种起源》。也是华莱士创造了"达尔文主义"一词。

▲ 查尔斯·达尔文

查尔斯·达尔文（Charles Darwin，1809—1882）

英国自然学家查尔斯·达尔文（Charles Darwin）被誉为第一个将"自然选择"理论描述为进化的主要动力的人。他于1859年出版的《借助自然选择的物种起源》一书很快就卖光了。达尔文关于我们都是起源于一个共同祖先（而不是通过智能设计）的观念是有争议的，但是他在研究自然世界过程中进行了多次考察后才形成了这一观念。"小猎犬"号上的航行将他带到了太平洋的加拉帕戈斯群岛，在那里他刻苦地记录了关于当地雀和乌龟的详细观察。他得出结论，这些动物具有适合环境的身体特征，这意味着它们寿命更长，并拥有更多后代。他称这种理论为"适者生存"。

阿尔弗雷德·拉塞尔·华莱士（Alfred Russel Wallace，1823—1913）

当达尔文从发现之旅中回到家中时，他花了很多时间思考，以至于另一位英国博物学家阿尔弗雷德·拉塞尔·华莱士（Alfred Russel Wallace）几乎击败了他，发表了自然选择和优胜劣汰的观念。华莱士研究了远东的自然历史，并独立得出与达尔文相同的结论。华莱士与他敬佩的达尔文分享了他的想法，这是达尔文的警钟。

▲ 阿尔弗雷德·拉塞尔·华莱士

进化论的演变

自达尔文的启示以来，博物学家、考古学家、人类学家、地质学家和生物学家都在寻找辅助证据，在支持达尔文进化论和自然选择理论方面发挥了作用。但是，不可否认的是，在现代世界中，DNA占据了中心位置，是揭示进化秘密的主要证据。DNA中的线索是达尔文理论的核心，而遗传学家现在在进化侦探队中拥有永久性的位置。

使进化起作用的基本机制深深扎根于观察到的遗传力，不同的遗传力使某些种群存活而另一些种群消失。自从孟德尔对豌豆植物进行如此细致的研究以来，遗传和种群遗传学就一直存在于工具箱中，随时可以填补了解进化过程的空白。但是直到合适的时候，DNA分析才能发挥作用，其他证据来源——化石记录和比较解剖，提供了关键信息。

▼ 从南非的岩石中挖掘出这个有360万年历史的化石古猿头骨花了20年。

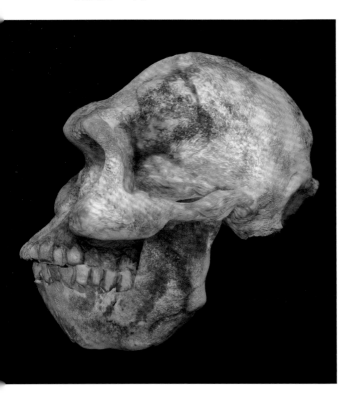

进化的证据

达尔文在他的进化论中探索了物种之间的异同。他建议，当多代适应的累积效应导致身体修饰，这种修饰能分离旧物种与新物种后，一种新物种（定义为不能与其他物种一起繁殖，而只在种群内繁殖）将会出现。随着时间推移而发生的细微变化，才能使进化栩栩如生。化石为我们提供了一种获取洞察力的方法，这同样适用于哺乳动物，例如鲸鱼和狗，这些动物似乎不相关，但实际上具有极其相似的身体结构。

化石记录

化石记录是一个历史宝库，揭示了有关物种的信息，包括已灭绝的古代人类，这些信息原本会丢失。 例如，对于人类而言，它为我们提供了我们远古祖先人类模样的宝贵见解：化石保留了人体组织，例如骨骼和牙齿，这些生物通过矿化作用得以硬化。

最引人注目的是，露西（Lucy）和阿尔迪（Ardi）的骨骼可以追溯到300万到400万年，这为我们提供机会来揭示这两个人类之间（年龄差距为100万年）以及它们与我们之间（现代人类），以及它们与化石记录中提取的其他标本之间早期必然发生的变化。 这样的比较使我们很好地描绘了自己作为人类的身体进化的图画。

比较解剖学

比较解剖学从字面上看是将一个物种的身体结构与另一个物种进行比较，它可以识别这两个物种的共同特征，并将它们与共同的祖先联系起来，然后研究它们之间的差异。这些比较使我们能够确定这两个物种如何根据其不同的环境进化。

综上所述，考虑一下哺乳动物的前肢。哺乳动物的骨骼在各个物种中的形成都极为相似，即使一种哺乳动物可能具有翅膀的形状，一种可能是蹼，一种是偶蹄，而另一种却是手臂！这些差异告诉我们，存在一个基本的肢体模式系统，该系统在许多不同物种之间共享。

比较手臂解剖学

比较各种不同物种的解剖结构，发现存在惊人的相似性，这表明从进化角度来看它们是同一祖先的后代，并进行了修改以适应他们所处的环境。

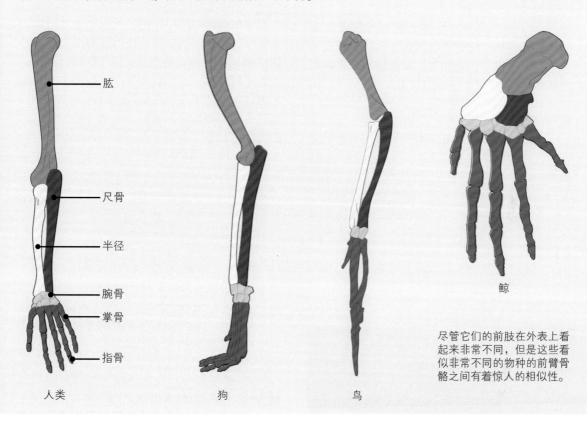

- 肱
- 尺骨
- 半径
- 腕骨
- 掌骨
- 指骨

人类　　狗　　鸟　　鲸

尽管它们的前肢在外表上看起来非常不同，但是这些看似非常不同的物种的前臂骨骼之间有着惊人的相似性。

进化假设对此的解释必须是一个共同的祖先，并且在很长的一段时间内，不同的环境力量必定已经影响了不同的物种，使其以各种不同的适应方式进化。

DNA揭示了一切

科学家已经将人类线粒体和Y染色体DNA与其他物种的DNA进行了比较，以探索进化模式。引入基因组分析技术分析混血血统后发现，我们的基因组与黑猩猩的基因组最相似。实际上，就基因组而言，人类和黑猩猩是99%相同的。从另一种角度来看，黑猩猩蛋白具有与我们自己相似的功能。因此，黑猩猩必须是我们最密切相关的灵长类动物祖先。遗传学还告诉我们，我们是从500万到700万年前的黑猩猩中分离出来的，这是通过估算我们遗传密码发生自然"突变"所需的时间来计算的（现在，当然，突变被称为"变异"）。

通过观察基因表达，我们可以解释为什么尽管共享一个共同的物种，但不同物种却具有独特的特征——一个确定何时、何地以及多少蛋白质生产的过程。科学家们才刚刚意识到遗传多样性在进化中所起的作用。基因技术的重大发展，再加上统计和生物信息学的发展，彻底改变了我们对进化的理解。

基因组技术使科学家能够以达尔文和华莱士无法想象的方式在自然界中应用基因测序。现在，我们能够深入研究许多不同物种的遗传密码的关键区域，进行比较和发现差异，这一次对分子记录获得了前所未有的访问。这导致了非同寻常的发现，我们的遗传密码中有某些区域可以保存"人性化"的秘密——DNA的某些部分似乎使我们成为人类。

遗传学在进化中的作用

早在我们可以使用基因组技术之前,科学家们就认识到遗传学在驱动进化趋势中起着关键作用。他们还意识到,不仅仅是"自然"的自然选择。实际上,进化背后还有许多其他遗传机制。

基因库

个体的整个遗传目录构成了特定种群,基因库是该种群单个基因版本的集合。当一个基因的一个版本(等位基因)的频率发生变化时,它或多或少就会变得普遍,这种变化会影响种群的进化方式。这可能对短时间内身体特征的发展方式产生相对强大的影响,这一概念称为微进化。

突变

遗传密码中的随机变化不断发生,以前称为突变,现在称为变异,这已经发生了数百万年。估算一个物种相比于另一个物种在基因组中发生的变异,是一种计算两个物种多久以前可能具有相同遗传密码的一种方法。

当遗传变异或多或少有效地直接影响基因的工作方式或改变基因蛋白质的结构时,遗传变异便会推动进化。变异是自然选择的主要驱动力,因为(在生殖系统中)新的身体特征比其他所有特征在生存环境中更有优势。总体效果可能是,有利的变异在基因库中更频繁地发生,从而使其更可能传递给后代,并增加了其成为永久性特征的机会。

非随机喂养

当个体优先选择相似或不同的遗传背景并影响基因库时,就会发生非随机交配。可能来自有利的变化,这可能是有益的特征,例如能够进一步远距离观察。

基因流

例如,当一个种群的成员与一个外部群体的成员进行繁殖时,就会将新版本的基因引入种群基因库。结果可能会改变每个种群中可能有利或不利的性状的总体平衡。从古DNA研究中我们知道,现代人类与尼安德特人混合在一起,影响了今天留在我们体内的某些基因的流动(大概是因为它们对这两个种群都有益,但起源于尼安德特人)。

◀ 遗传变异会导致身体变异。
▶ 人类或野兽,鱼类或昆虫,我们都归功于DNA。

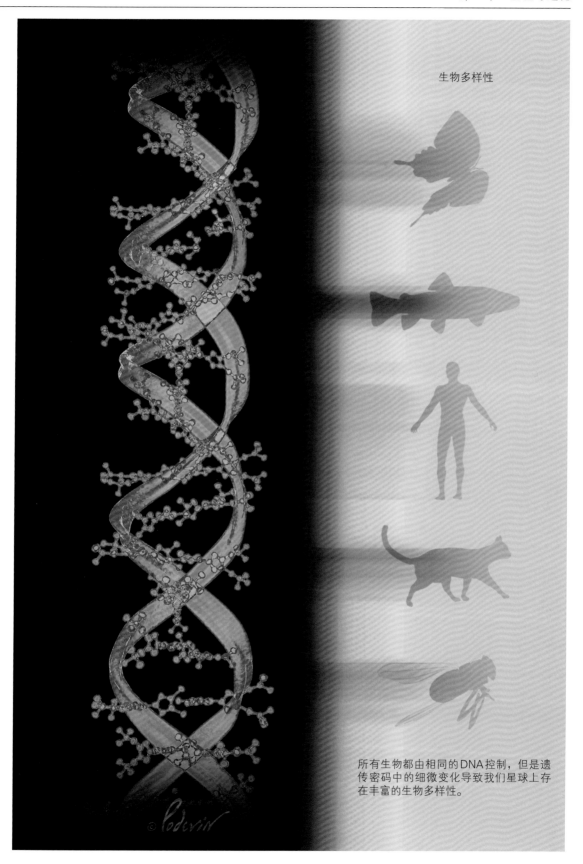

生物多样性

所有生物都由相同的DNA控制，但是遗传密码中的细微变化导致我们星球上存在丰富的生物多样性。

遗传漂移

但是，由于对我们有好处，并不是每个在基因库中出现频率较高的基因都存在。有时，一个基因的一个特定版本可能只是偶然的频率高。如果您掷硬币10次，则每次获得正面的机会为50％，而获得反面的机会为50％。但是，总体而言，投掷10个硬币可能会出现10个正面，或10个反面，或者正面和反面的任何组合加起来等于10。如果一个等位基因随机的传递，比其他基因更频繁，则其在基因库中出现的频率几乎是偶然增加的。这种遗传漂移的影响更可能出现在较小人群中，仅仅是因为更广泛和更多样化的基因库会稀释这种影响。

固定

当人群中的每个人（全部为100％的人）在特定基因的两个拷贝上都有特定的遗传变异时，即发生固定，该变异是从其母亲那里继承的，而另一个是从父亲那里继承的。由于发生在少数人群中，因此有可能研究固定的变体，以查看它们的存在是否有可能驱动了人类某些特有特征的发展。

自然选择

最著名的进化机制依赖于遗传密码的变异性和遗传力。优先选择更适合个体生存的身体特征，因为这些身体特征提供了有效的适应性来增加物种生存的机会。

改变蛋白质功能的初始遗传变异通常都是随机的，并且总体影响很小。但是，在后代中，这种遗传变化及其后果可能在选择过程中发挥积极作用，特别是当这种变异意味着更好的生存机会时。变体出现的频率越高，该物种就越有可能将其用作永久性固定装置。

一旦物种进一步引入随机遗传变异，适应环境的身体特性变得更加突出。达尔文最著名的一个概念，描述了进化对生活在加拉帕戈斯

瓶颈和创始人

由于种群数量明显减少，导致遗传多样性很多，这时就会产生瓶颈效应。当自然灾害消灭大量原始人口，并且幸存者的遗传密码无法代表整体上普遍存在的密码时，可能会发生这种情况。

当一小群人从更大的人群中分裂出来，产生具有更多遗传多样性的种群并建立新的殖民地时，就会发生奠基者效应。最终的基因库可能无法反映原始群体的基因库，而只能反映出新殖民者的基因库。

当罕见疾病在地理区域内的人群中发生的频率比偶然发生的频率高得多时，在医学中通常会看到奠基者效应。实际上，罕见疾病的健康"携带者"对基因库的影响更大，因为作为分裂群体，基因库非常小。携带者可能自身存在于分裂群体中，或者是进入分裂群体并相互繁殖的探索者。一种名为杂斑性卟啉症的遗传性血液病，在南非比在其他非洲地区或世界更加普遍存在，作为一个很好的例子：

科学家将这种有害的基因拷贝追溯到了一对荷兰夫妇，他们是从1688年迁移到南非。病原体变体传给了后代，因此后代中的携带者频率很高，大大增加了这种疾病影响种群的机会。

▲ 像南非最早的荷兰定居者一样，孤立的种群更容易受到遗传漂移、固定和自然选择的影响。

适应性辐射

当一种祖先物种通过对原始物种进行不同的适应性改变而产生许多新形式时，就会发生适应性辐射。这一过程可以由达尔文的雀科进行很好的阐明，鸟发现于孤立的加拉帕戈斯群岛，起源于同一个祖先，但发展出可选择的身体特征以适应不同环境条件。

▶ 达尔文的自然选择理论来自他对加拉帕戈斯群岛上雀科的研究。

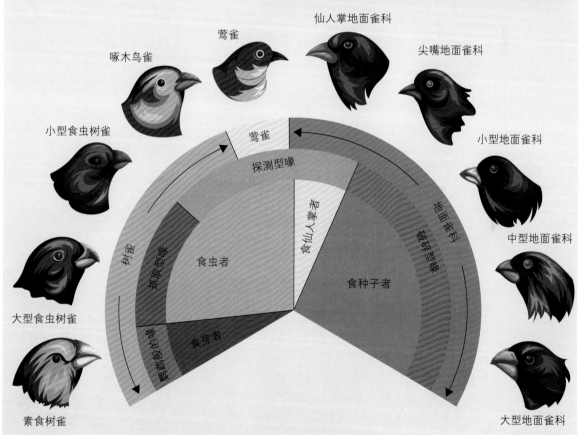

群岛上各种雀科喙的主要影响。每个物种的喙都与其他物种具有不同的形状和大小，这反映了不同的雀寻找食物的来源不同。例如，一些以花蜜为食的加拉帕戈斯雀，它们的喙已经改变了，其形状和大小与以种子为食的鸟不同，又与以昆虫为食的鸟不同。瑞典乌普萨拉大学的科学家对几种雀科物种的基因组进行了测序，并在名为ALX1的基因中发现了许多变异，这很好地说明了达尔文的观点，即遗传变异是观察到的差异的基础。

遗传变异对人类进化的影响导致出现自然选择和所谓的"适者生存"，这是解释我们的物种如何适应和进化以创造我们今天看到的巨大多样性的主要机制之一。

83

生殖健康

一个个体能成功生殖则被称为"生殖健康"。"成功"是对父母产生所需遗传组成的有机体数量的衡量标准，即它们消失后留下的DNA。从遗传学角度讲，这意味着父母已经将其遗传印记留在了一个种群上。如果在随后的许多世代中，遗传印记体现的生理特征能使后代更好地适应环境，那么就发生了微进化。实际上，生殖健康、环境和自然选择共同作用以实现变化。

在实践中，没有一个有利的遗传改变具有如此大的作用，以至于自身无法推动微进化。相反，一个物种需要涉及几个不同基因的多个细微变化，才能产生集体效应，从而推动数千年来的进化。

多基因性状

某些改变的遗传决定因素可以是多基因的。换句话说，它们可以涉及多个基因。每个基因对特定的生理特征只产生很小的影响，然后它们加在一起大于其各个部分的总和：相比于每次微小变化所带来的意义，其能创造出更加重要有意义的东西。从一个人到另一个人产生基因变体，这种变体的组合变化会导致我们看到在人群中正常发生的生理差异。

例如，身高是一种多基因性状。科学家已经鉴定出700多个基因的遗传变异对身高有影响。个别基因可能根本没有太大影响，但总体加起来却产生重大影响。结果说明一个人群在任何给定年龄可能表现出整个身高范围。

想想婴儿和儿童的生长图表，该图表给出

▼ 许多小影响的遗传变化可以具有更大的累积效应来驱动进化过程。

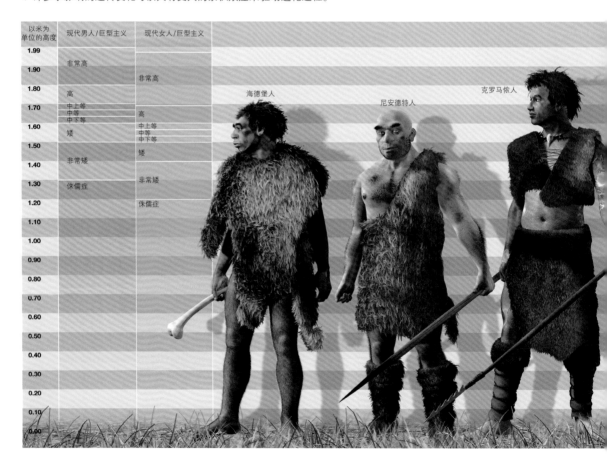

以米为单位的高度	现代男人/巨型主义	现代女人/巨型主义
1.99		
1.90	非常高	
1.80		非常高
1.70	高	
	中上等	高
	中等	
1.60	中下等	
	矮	中上等
1.50		中等
		中下等
1.40	非常矮	矮
1.30		非常矮
	侏儒症	
1.20		侏儒症
1.10		
1.00		
0.90		
0.80		
0.70		
0.60		
0.50		
0.40		
0.30		
0.20		
0.10		
0.00		

自然选择的不同机制

　　并非所有的自然选择都以相同的方式发生，共有三种不同的类型：稳定，定向和破坏性。所有这些都是对主要多基因性状的选择性力量，这意味着种群中可能同时存在两种极端性状。特质可以以正态形式分布在极端之间的整个范围内，也可以只出现在极端处。哪种机制占主导地位取决于驱动身体特征变化的环境。

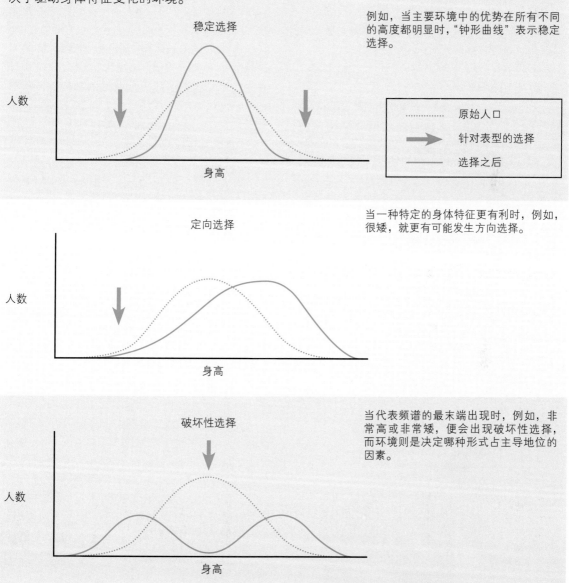

例如，当主要环境中的优势在所有不同的高度都明显时，"钟形曲线"表示稳定选择。

当一种特定的身体特征更有利时，例如，很矮，就更有可能发生方向选择。

当代表频谱的最末端出现时，例如，非常高或非常矮，便会出现破坏性选择，而环境则是决定哪种形式占主导地位的因素。

一个百分位数范围，显示特定年龄段男孩和女孩的预期身高的平均值以及上下限。这是以图形式显示的遗传变异。

　　影响高度的基因的生物学功能改变可能会产生重大影响。化石记录告诉我们，印度尼西亚东部的弗洛雷斯岛上曾经生活着一群古老的人类。弗洛瑞斯人身高为1.0 m（3'3"），平均身高比今天的人矮很多。这种矮是否是小岛资源有限导致发育不良的结果，还是由于种群在遗传上被编程为达到这种高度（多基因现象），还是其他一些重要的遗传影响起作用而导致高度受限，这都是未知的。

人性化

通过比较DNA，我们知道黑猩猩是我们最接近的祖先近亲，并且我们的遗传密码几乎相同。但是从身体特征上讲，我们是完全不同的野兽。那么，什么使我们成为人类？答案可能在我们不相同的1%遗传密码中吗？

人类加速区域

2006年，生物统计学家凯瑟琳·波拉德（Katherine Pollard）比较肿瘤与健康细胞之间的遗传差异，以找出导致癌症的原因，她使用相同的科学技术比较了黑猩猩和人类基因组。她的思路是研究遗传密码不同的部分，并弄清它们的作用。

她最初在遗传密码中发现了202个相关的领域，她认为这些地方可能与"人性化"（使我们成为人类）有关。她称这202个部分为"人类加速区域"（HAR），以反映她的理论，即在这些基因组位置中可能存在隐藏的信息，推动了我们与我们的祖先亲戚黑猩猩之间产生变异的过程。

▼ 阿迪，有440万年历史的拉密达猿人的骨骼，是部分两足动物。

出乎意料的是，大多数HAR并未真正包含在基因本身中。它们位于非编码区域内，即所谓的垃圾DNA。通常，HAR的长度刚好超过200个碱基对，并且靠近于区分我们与黑猩猩的身体特征中起作用的基因。他们必须对基因的工作方式，例如，何时何地制造蛋白质、施加某种控制、使其成为所谓的基因表达调节剂。而正是生产这些独特的人类蛋白质的方式不同，使我们成为独特的人类。

人类特质

那么是什么使我们具有这种特征呢？我们实际上是如何与其他灵长类动物进行比较的？

两足行走

化石记录告诉我们，露西，来自300万年前早期阿法南方古猿的骨骼，已经两条腿行走，而阿迪，440万年前的拉密达猿人的骨骼，仅部分两足，更像是指关节着地行走的黑猩猩。我们只能对为什么两条腿走路是一件好事进行推测：它解放了我们的双手来使用工具；它使我们能够看得更远，以发现威胁和更好的栖息地，这也意味着我们可以采摘原本无法够着的浆果。

但是成为双足动物也有缺点。您曾经是否想过，与其他哺乳动物相比，人类分娩所带来的痛苦似乎是不公正的，那完全取决于骨盆的大小和形状。为了使我们直立行走，必须改变这种骨质腰带的设计，使其变得更狭窄且定向分娩的效率降低。脊柱的形状也必须改变，颅骨的底部也必须改变，以适应头部的重量，使我们保持一致，以便我们能够保持平衡。

在确定人体整体结构的各个胚胎发育阶段，重要的基因与许多HAR相关联。在此过程中发挥作用的遗传指令——称为人体模式，受到不同动物的不同调节，即使其基础基因是相同或极其相似。这导致科学家们相信，由于HAR在早期发育过程中影响基因表达的方式，HAR和独特的人类特征（例如两条腿走路）之间可能存在联系。

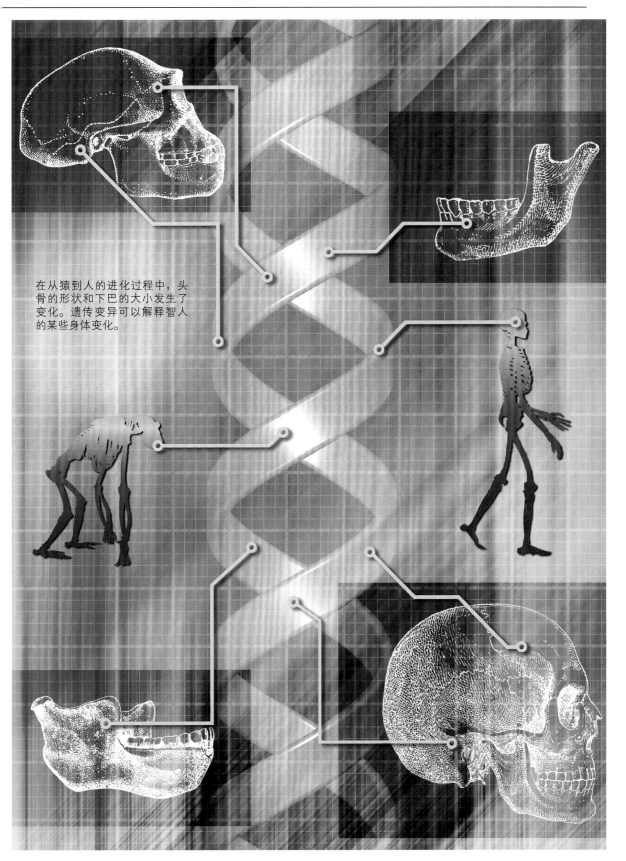

在从猿到人的进化过程中，头骨的形状和下巴的大小发生了变化。遗传变异可以解释智人的某些身体变化。

脑大小

凯瑟琳·波拉德（Katherine Pollard）确定了一种名为HARE5的增强剂HAR。它会增加附近称为Frizzled8基因的蛋白质产量。该基因在人类中的作用比在黑猩猩中大得多，能使大脑更大，这是两者之间身体结构的关键进化差异之一。

但是，随着时间的流逝，可能有许多因素共同作用，导致人类的大脑更大，而不仅仅是HAR。在自然选择的作用下，这种关键的身体发育究竟是如何产生的，仍然是一个谜。但是，最重要的是，它使我们与灵长类动物区分开来，希望我们能尽快解开这个谜！

脸型

我们参照化石记录，认为现代人类的脸型与尼安德特人等人类祖先不同。尽管我们不知道这种遗传变化是在自然选择的控制之下还是几千年来偶然的结果，但是存在一个遗传基础。我们明确地知道我们的眉毛没有古代的前辈那么突出，我们的额头更垂直，鼻子也更浅。我们的颌骨也有不同的形状——也许是对饮食变化的反应，因为随着时间的流逝，我们对颌骨的咀嚼需求减少了，不仅是因为食物比以前柔软，也是因为我们的灵活性使我们发展工具，可以用于切碎我们要吃的食物。

2016年，研究人员发现了少数基因的表达随时间的变化而变化，这与我们面部形状的变化一致。通过比较某些基因在不同人群中的工作情况，这些基因在面部形状上存在明显差异，例如鼻梁的宽度，从而确定了可能导致差异的变异体。例如，骨骼生长基因RUNX2中的标记与鼻梁的宽度相关，而控制软骨形成的基因GLI3和PAX1在鼻孔的宽度中很重要。

但是，对于这些特征如何使我们更好地适应特定环境，我们没有任何有力的证据。当然，其他身体特征在适应性改变上表现得更加显然，例如肤色和高海拔地区。

肤色

某些基因的遗传变异导致皮肤，头发和眼睛的颜色不同。例如，MC1R基因中的某些标记在红发和皮肤白皙的人中更常见，与来自非洲的人相比，具有北欧背景的人更容易发现这些特征。为什么我们北边的肤色会变得更白？

皮肤的色素可保护我们免受极高水平的紫外线（来自太阳）的照射，尤其在赤道周围特别强烈。不仅如此，皮肤是维生素D的主要来

▼ 研究人员已经鉴定出影响我们面孔形状的多种基因，包括我们的头骨，鼻子和下巴。使用古DNA，将有可能了解这些基因在进化过程中的变化，因此我们可以根据祖先的DNA构建祖先的面部特征。

南方古猿

早期直立人

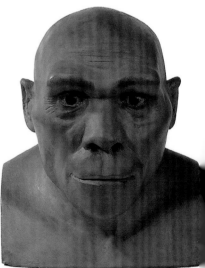

晚期直立人

源，当皮肤暴露于紫外线后，会产生最具生物活性形式的维生素D。皮肤越白紫外线越容易穿透皮肤。然后，进一步对维生素D受体基因VDR进行适应性变异，使人体更容易通过太阳的紫外线合成维生素D。这种结合说明居住在远离赤道的人们可以有效地适应他们的环境，反而使更多的人可以居住。

语言的力量

　　FOXP2基因的破坏性变异使儿童的说话能力明显受损，因此该基因对于交流至关重要。该基因表达的蛋白质在每个物种中几乎相同，但是在黑猩猩和人类之间存在非常细微的变化，仅涉及两个氨基酸（我们蛋白质的基本组成部分），这一定是我们拥有复杂的语言力量而黑猩猩没有的原因。有趣的是，我们的亲戚尼安德特人也有这个基因，因此很容易认为他们彼此之间的交谈内容要比无法理解的咕噜声多！

交流

　　我们说话的能力和不断变化的脸型可能改变了我们人类原始祖先的交流方式。前额的形状越垂直和额头越轻，这使我们拥有比早期人类更具表情的面孔。随着这些适应性变化的发生，它们可能为人与人之间更有效的社会互动和合作铺平了道路，从而使智人可以更快地发展成为有组织的群体，相互保护和互相养育，共同努力，以充分利用环境并确保生存。

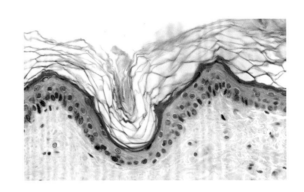

▶ 皮肤中的色素是由产黑色素的细胞产生的，在显微镜下看为表皮中的小棕点。

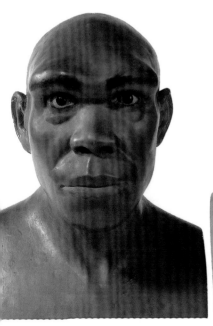
海德堡人

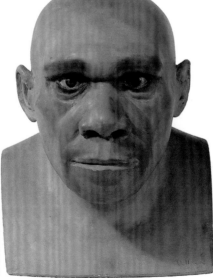
尼安德特人

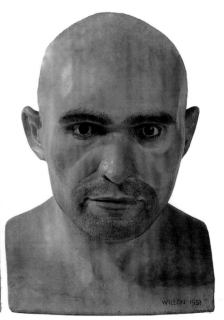
早期智人

优胜劣汰

优胜劣汰是达尔文进化论的关键原则，它承认某些身体特征能更好地适应环境（雨天或晴天），从而更有可能确保物种的生存。

预防疾病

作为一种疾病的传播者，如果该疾病处于完全成熟的状态，会导致严重的医疗病症（例如镰状细胞性贫血），可以帮助您免受其他疾病（例如疟疾）的侵害。广泛地认为这些影响是某些种群中一些遗传条如此高频率的原因。例如，非洲裔中每20个人中就有1个人携带导致镰状细胞的基因变异。

另一个例子是高加索人的囊性纤维化（CF）携带者具有相对较高的频率。CF是一种严重的遗传性呼吸疾病，会导致进行性肺损伤。患有CF的人的肺分泌物浓稠且黏稠，因为保护肺内膜的黏液异常，或这是跨细胞膜的化学通道功能异常的结果。

令人惊讶的是，CF携带者对霍乱具有一定的保护作用，霍乱由霍乱弧菌细菌感染引起的，能影响肠道，未经治疗还可导致死亡。霍乱细菌释放出一种毒素，该毒素附着在肠道细胞上，改变了盐在膜上的流动，从而导致水样腹泻和严重脱水。毒素的功能与CF中异常的盐通道相反，这意味着在霍乱盛行的时候，CF携带者可能比非携带者具有选择性的进化优势。

乳糖酶持久性

在生命的头几个月里，婴儿喝牛奶，牛奶构成了他们的整体饮食。牛奶中含有乳糖，这是一种二糖，人体为了消化，必须将其分解成

CFTR蛋白

囊性纤维化跨膜电导调节器（CFTR）横跨细胞膜，让盐进入和离开细胞。左边，基因中的致病变体导致CFTR阻止盐的流动，非常黏的黏液积聚在肺等部位，从而导致囊性纤维化（CF）。右边，CF携带者对CFTR的中间效应可以提供一些保护，以抵抗霍乱感染的毒性作用。

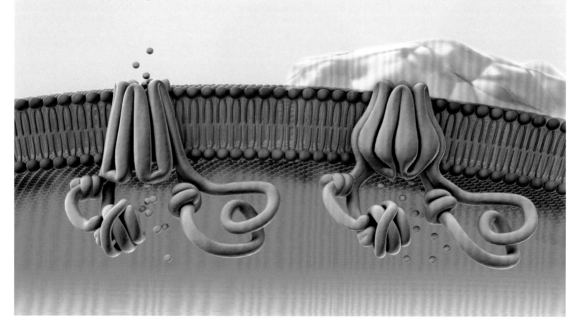

葡萄糖和半乳糖。该过程是由蛋白酶乳糖酶引起的。产生乳糖酶的基因在生命后期被关闭，换句话说，我们在成年期便不再产生它。至少对于亚洲血统的人来说是这种情况，但是欧洲人有一个遗传变异，可以使该基因积极地产生消化牛奶的酶。在非洲和中东种群中也发现了一些变种。为什么？

为了找到8,500年前新石器时代耕作方式发展的进化解释，科学家正在探索地理与乳糖酶持久性可能有关的联系。农业种群中，奶牛养殖和摄入富含乳糖的饮食是继续产生乳糖酶的必须条件。因此，建立乳糖耐受性可能只是自然选择的另一个例子——人类某些部分为利用其特定环境条件而需要进行的身体适应性变化。

火星上生命的完美匹配

古生物学、解剖学、生物学、遗传学和考古学等科学学科的结合创造了一种强大的工具，可以绘制进化路线图，以更好地了解我们是谁，来自何处。今天有机会让这些严谨的进化论创始人提出的理论更加科学，这真是令人惊讶，21世纪的礼物是通过遗传技术帮助人们了解人类的状况。

我们将利用遗传密码破译领域中的所有知识，来确切地证明我们基因组的哪些部分驱动了进化，以及如何以一种看似深思熟虑的方式实现了进化。我们甚至可以观察运动的演变。也许我们有一天可以找出能以真正的自然选择方式为我们提供火星生命的遗传因素……

宿醉总是很差

人体具有特定的蛋白质，其功能是清除体内的酒精及其毒副产物。这些所谓的酒精脱氢酶（ADH）在肝脏中发现，它们起作用的速度越快，我们前一天晚上的感觉就越好。

像所有其他基因一样，产生ADH的基因包含影响效率的变体。慢代谢者清除酒精废物的效率不如快代谢者，并且早晨会变得更糟。这些基因的变异也与慢性酒精中毒的易感性有关，尽管目前尚无法预测。

达尔文结节和其他遗迹特征

有没有想过阑尾是干什么的，为什么它经常成为外科医生刀片的麻烦对象？为什么男人有乳头？为什么智齿会产生影响并且必须如此残酷地拔出？当它们似乎会引起痛苦的充血时，我们需要什么鼻窦？这些特征和其他特征被认为是我们从较早的时期进化出来的遗产，那时这些是人体潜在的有用部分。

众所周知，我们的朋友丹尼索瓦人和尼安德特人的磨牙比我们大得多，大概是因为他们可以轻松地研磨植物性食品。以类似的方式在嘴后部增加牙齿的面积会增加咀嚼的表面积，但是现在我们不再需要智齿来管理我们较柔软的现代饮食。多达35%的人从不发育智齿，这表明进化仍在起作用，如果我们没有智齿，就不会再有选择的劣势。

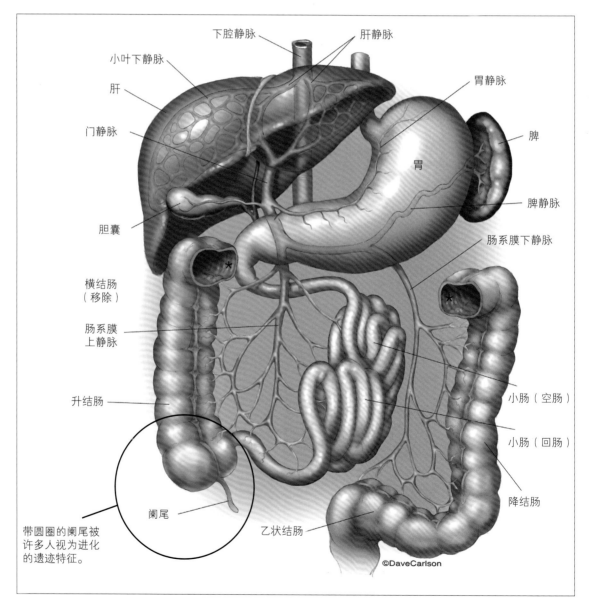

下腔静脉

肝静脉

小叶下静脉

肝

胃静脉

门静脉

脾

胃

胆囊

脾静脉

肠系膜下静脉

横结肠（移除）

肠系膜上静脉

升结肠

小肠（空肠）

小肠（回肠）

降结肠

阑尾

乙状结肠

带圆圈的阑尾被许多人视为进化的遗迹特征。

©DaveCarlson

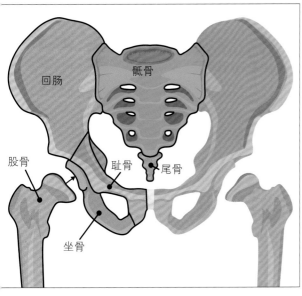

▲ 尾骨或尾部骨头在解剖学上提示了我们灵长类动物的过去。

▲ 一只狒狒在耳朵的顶部突出。人类具有这种特征的残留物，称为达尔文结节。

阑尾迷惑了科学家多年，困扰着我们中每20个人中的一个人。阑尾炎的唯一治疗方法是在阑尾出现危险破裂之前切除。但是，当阑尾消失时，我们的情况也不会更糟，那么为什么我们要首先使用它呢？其他哺乳动物的阑尾比我们的阑尾发达，认为它在消化植物性食品中起作用。就像我们不再需要智齿一样，阑尾的功能现在已经不存在了，它仍然是我们从灵长类动物进化的遗迹。就是说，越来越多的证据证明了阑尾在肠道免疫、维持健康的微生物平衡和抵抗感染方面的作用。

身体的其他部位似乎也在进化。小脚趾越来越小，也许很快它将完全消失。脊柱末端的尾骨，与灵长类动物及其尾巴的进化残余相关。你不知道自己有一个，直到跌倒了！耳郭缘上可爱的小突起被称为达尔文结节，稍有增厚，在猴耳上的突起表现的更为突出。这些只是构成我们进化档案的一些身体特征。

舌头能卷是遗传特征吗？

剧透警告——不，不是！舌头卷曲，即使舌头边缘卷曲在一起的能力，与异卵双胞胎相比，在同卵双胞胎中不太可能出现舌头卷曲。实际上，一些不能舌头卷曲的人甚至可以自学做到这一点。

但是，一切并没有丢失。有些人具有非同寻常的能力，可以以几种不同的性状来旋转自己的舌头。这种能力被称为三叶草的舌头特征，这种能力似乎确实是遗传性的，如果您能够做到，那么至少您的父母中的一位也可以做到。

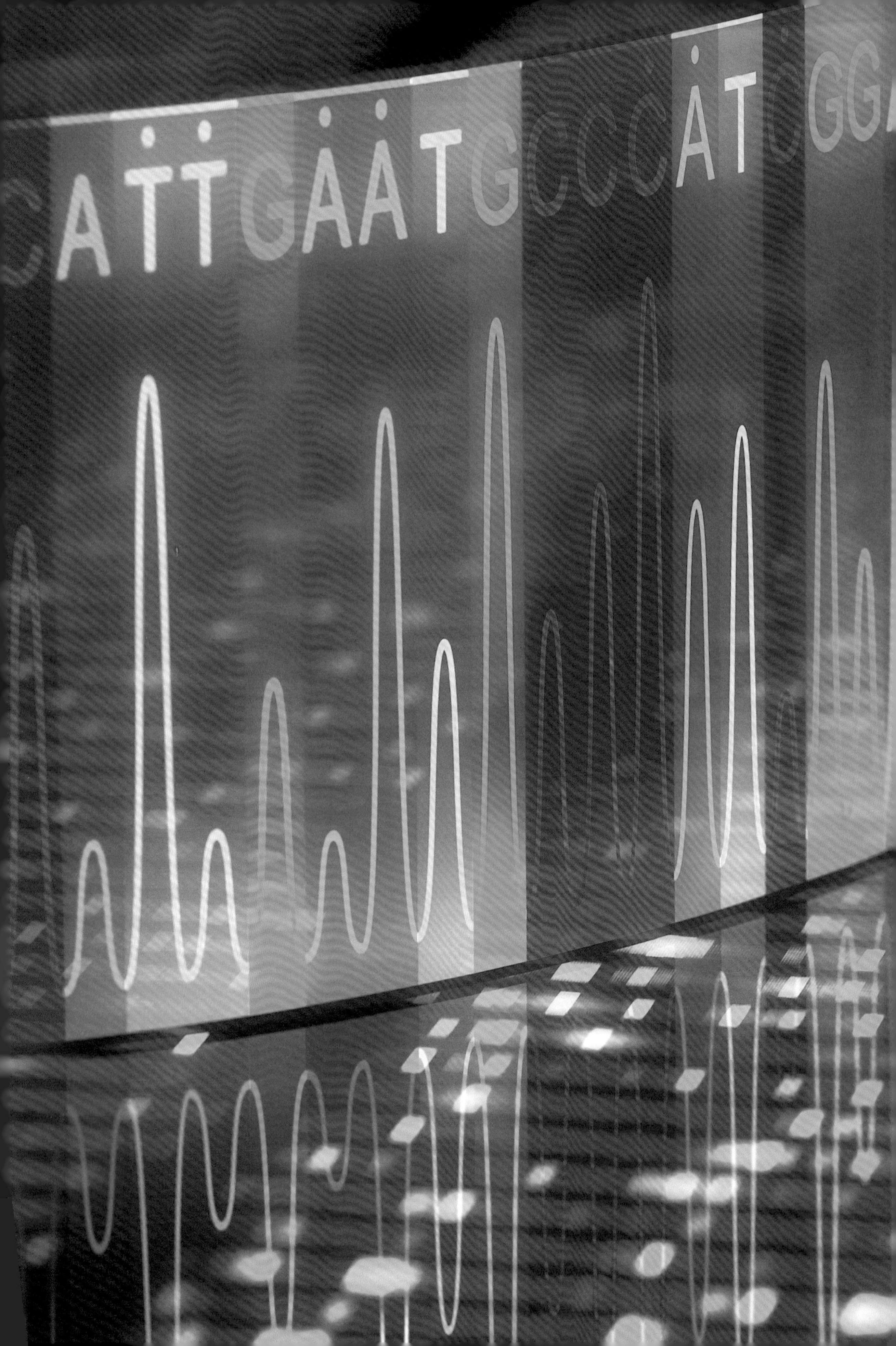
ATTGAATGCCCATGG

第五章
我们今天如何使用DNA

我们的遗传密码蓝图中捆绑了很多信息。揭开它的秘密，谁知道您会从自己身上发现什么（其他人可以从中找到关于您的信息）？在本章中，我们将探讨如何利用DNA来造福我们的生活并改变世界。

直接面向消费者（DTC）的基因测试

基因检测技术革命的到来为个人基因组分析铺平了道路。直接对消费者测试（DTC），像提供唾液样本（唾液中的颊细胞提供关键信息）并将其发送进行测序，熟知后非常简单。结果可以探索您的生活方式，健康和祖先背景多个方面。

健康

提供个人基因组服务的公司，例如23 & Me（www.23andme.com），会筛选唾液中的DNA，以寻找与某些遗传性疾病、生命后期的健康状况以及（如果需要）祖先相关的遗传变异——所有来自自己的家中。测试将寻找具有某些遗传联系的多种医学疾病的易感性。这包括迟发性痴呆；乳腺癌，卵巢癌和其他癌症；引起成年人视力丧失的黄斑变性；以及血凝块的倾向，所有这些都是通过寻找特定的遗传变体来实现的，科学研究表明这些变体与一些疾病以及许多其他医学病症相关。

结果准备就绪后，您会收到一封电子邮件，邀请您登录网站访问您的报告，进而估计出现其中一种情况的风险。对于某些疾病，例如遗传性乳腺癌和卵巢癌以及晚期阿尔茨海默氏病，该测试会寻找具有更强预测能力的遗传变异体，如果您拥有变异体，则很有可能会发展成这种状况，尽管不可能100％。对于测试中的其他情况，拥有遗传标记与实际患有医学问题之间的联系并不那么明确，风险估计也可能令人困惑。而且，如果发现自己患上某些疾病的风险增加，这意味着您可以针对某些情况（例如2型糖尿病）采取预防措施，但并非每种潜在的风险诊断都这样。

采取预防措施是进行测试的一个很好的理由，但还存在其他原因。对于隐性遗传疾病，例如囊性纤维化和镰状细胞病，如果您的父母也是携带者，您想知道会不会传给下一代，那么测试将非常有用。女人可以进行筛查，以检查自己是否是X连锁遗传病的携带者；并且来自某些种族背景的人可以检查他们是否可能携带与种族有关的遗传疾病。

▼ 遗传测试以前是科学实验室的领域，现在已经带到您的客厅。

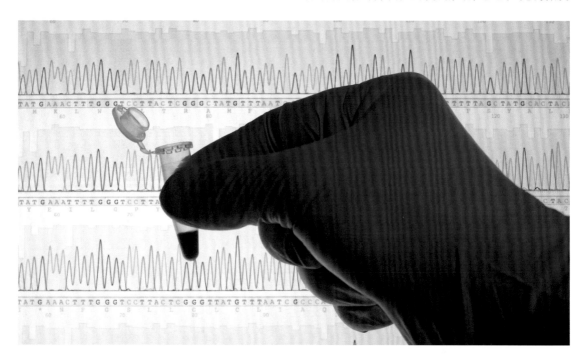

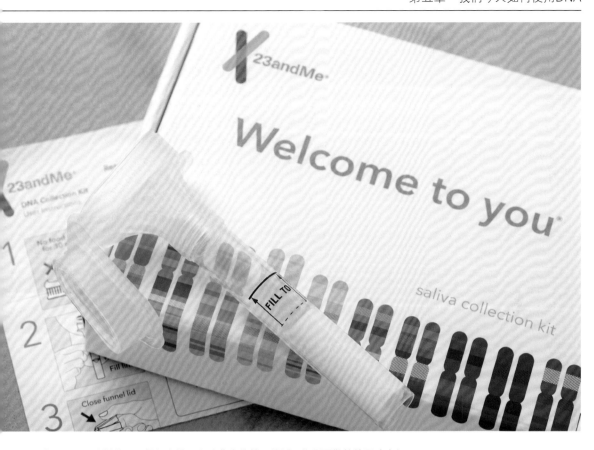

▲ 像23 & Me这样的公司提供直接面向消费者的基因检测，您需要做的就是吐痰！

研究

　　两千六百万人已经使用DTC DNA测试了祖先和健康状况。这相当于数量空前的遗传信息，作为一组数据，可以帮助研究工作以找出更多基因在诸如2型糖尿病等更常见疾病中的作用。例如，科学家要求提交样本的人提供有关其视力的信息，发现了与近视相关的基因。还正在以这种方式研究与神经运动障碍帕金森氏病有联系的新基因。理解遗传学在诸如此类的衰弱性疾病中所起的作用，有助于开发新的治疗方法，使我们更接近个人量身定制的个性化医学的目标。

　　对于2型糖尿病（在世界范围内已成为流行病），DTC测试模型创造了研究机会，科学家们可以将我们提交的健康数据与对该病的易感性进行比较，这可以通过读取我们的种族遗产和遗传数据来获得。我们还可以探究我们的DNA与环境因素之间的潜在联系，例如不良饮食和缺乏运动会导致糖尿病。

▼ DTC测试可以通过查看您的遗传密码来告知您的健康状况，生活方式和血统。

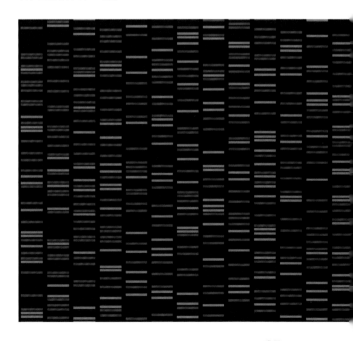

▲ DTC基因分析可帮助您确定哪些生活方式因素对您有利。

祖先

探索祖先的概念长期以来一直是家谱学家的领域，他们通过查找有关其亲人和过去的信息来追踪一个人的血统。长期以来，诸如出生，死亡和婚姻的公共记录以及国家人口普查，报纸档案和移民文件等资源一直是研究工具的主体。现在，遗传学家开始追踪祖先，将DNA牢牢地作为方法学的全部内容，以追踪您家族的起源。

祖先DNA测试使用您遗传密码中的信息来告诉您的种族起源。此DTC测试基于发现的基因组中具有特定于某个地理区域的标记，因此锁定为该区域的人们（标记使科学家能够识别500多种不同的种族背景）。该测试可以告诉您几代人的家庭种族背景的起源，甚至可以在您的遗传密码中寻找尼安德特人的DNA，但不能告诉您更近的过去，例如您祖母的出生地。

该测试使用您的遗传密码中的特征标记来建立您祖先起源的档案。不同的DTC测试使用

DNA 中的惊喜

挖掘DNA始终有可能会带来您可能想要或不希望拥有的惊喜，或者可能会透露您宁愿保留的信息。例如，每个参加测试的兄弟姐妹都可能显示出非亲子关系或所谓的NPE——"父母不期望"。亲戚是罪犯，亲戚经过测试可能会无意间帮助解决犯罪：DTC所存储的遗传特征有助于解决谋杀案，并提供了与犯罪现场发现的DNA相匹配的信息。边境控制机构已使用存储的遗传数据来反驳要求入境权的潜在移民，方法是通过遗传方式"证明"移民并非来自他们声称的地方。

不同的方法，这些方法都是基于常染色体、线粒体和Y染色体DNA。如果您想知道您的远亲来自欧洲哪个地区，或者您可能是非洲的某个

地区，那么DTC测试可以为您提供帮助。而且，如果您勾选"与我联系"框，您甚至可能会找到不认识的亲戚。

生活方式

在生活方式基因测试的旗帜下，您可以对您的基因组进行分析，来告知您适合哪种化妆品，哪些健身和营养计划有益。

基于DNA的化妆品

根据少量标记来揭示皮肤下的物质，您可以根据自己的DNA获得美容方案和定制的护肤建议。这种"皮肤美容"DNA技术利用您的变异特征来构建您的皮肤类型。它渴望向您提供有关弹性和敏感性对老化的响应，油性与干燥之间的平衡，起皱的趋势以及对紫外线的敏感性的信息。

基于DNA的营养与健身

多家公司提供DNA分析，旨在揭示基因组中可能对最佳健身计划，身体对饮食的反应以及运动损伤的恢复时间的影响因素。他们使用DTC测试来分析遗传密码中的一组关键标记，研究表明这些标记可能与健康积极的生活方式相关。

营养基因概况分析可以告诉您一些信息，例如，碳水化合物和脂肪的代谢速度如何，以及您是否特别需要特殊的营养素，例如omega-3，以保护您免受心脏病的侵害。根据您的DNA，您可能需要减少某些营养或刺激性物质的摄入，例如咖啡因。它可以识别对食物的不耐受性，例如对麸质的不耐受性。

您还可以发现DNA是如何掌握关于最佳表现和耐力的关键，从一般意义上说，您的运动能力应该是什么，怎么容易受伤以及如何在运动后恢复至最佳状态。所有这些都为您提供了基于个人遗传特征而制订的培训计划。

▼ 基于DNA的化妆品（根据您的皮肤量身定制的产品）是美容行业的一个新兴领域。

▼ 您的遗传特征能为您指向一条通往健康、积极生活方式的方向吗？

您应该进行DTC基因测试吗?

　　基因测试可能让人觉得异常的复杂, 结果也令人难以置信。在医疗设置中, 接受基因测试的人也会接受基因咨询。但是, 如果您购买了DTC, 您更有可能会依靠自己的设备。请尝试以下简单调查, 看看您是否真的应该添加购物车并"随时吐痰"。

我为什么要参加测试?

A 我很悠闲, 没有特别的原因。听起来很有趣, 仅此而已。无论如何, 这是来自我最好的伴侣的礼物, 所以如果不接受会不礼貌!

B 我很感兴趣。如今完成基因检测非常的容易。无论如何, 如果我的DNA中有一些我应该知道的东西, 为什么我不想找出来?

C 我真的很担心。我敢肯定可能有问题。我知道有一天会发展成遗传病。更糟糕的是, 我可以把一些东西传给我的孩子们。我怎么能不知道自己要面对的东西?

该测试到底在寻找什么?

A 不太确定。网站上有条件清单, 但没有时间阅读科学知识。无论如何, 实验室中的极客可能已经知道了重要的知识。猜猜我会在得到结果时找出答案, 是吗?

B 我已经阅读了网站上的附属细则。我知道他们正在为我做些什么, 有些迟发性疾病(有些可以治疗, 有些不能治疗)以及携带者测试, 在我们生孩子之前会很方便。似乎很合理。

C 我已经在网站列表中搜索了所有内容。不过, 这一切确实令人困惑, 我以前从未听说过这样的事情。尽管我听说过阿尔茨海默氏症。很好, 我正在接受测试, 因为上周我不记得我钥匙放哪儿了, 我想我已经知道了。无论哪种方式都很好, 我不能再面对一个不眠之夜。让我们开始吧!

好的, 所以您随口吐痰, 然后将其送出, 很简单! 但是结果现在应该随时可以到达您的收件箱。你觉得怎么样?

A 哦, 是的, 我忘记了这一点。请让我看完这个碟片, 然后打开电子邮件。

B 好吧, 深吸一口气。可能是个好消息, 可能是个坏消息。我要把水壶放好, 准备打开报告文件。

C 不好了! 救命! 它在这里。等等, 很好, 我想这样做, 还记得吗? 找出我是否患有老年痴呆症, 对吗? 哦, 不, 如果我有老年痴呆症怎么办? 我无法忍受另一个不眠之夜。

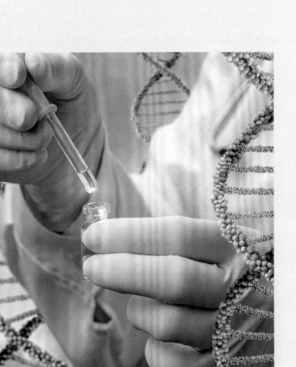

您已经阅读了报告，并接收了所有内容。感觉如何？

A 好吧，所以我患上糖尿病的概率是另一个人的2.3倍。很高兴知道。是的，我接下来要看哪个碟片？

B 好吧，所以我患上糖尿病的概率是另一个人的2.3倍。这意味着什么？那是高机会吗？听起来好像是它的两倍，是吗？我需要专家的建议。最好找到基因测试专家来询问有关这些结果的建议。

C 哦，不，我患糖尿病的可能性是另一个人的2.3倍。这就是为什么我很累，我患有糖尿病！至少，我没有别的东西，那又是什么？我不记得了。

您的朋友问您是否建议测试。你会说什么？

A 是的，为什么不呢？这很容易做到，他们目前提供两对一报价。您甚至可以多花一点钱，看看自己含有多少尼安德特人（对他而言，很多！）。

B 我也是这么猜想的，了解糖尿病是一件好事。尽管我从遗传学诊所发现它的确不是那么高。我只需要照顾好自己一点。

C 是！他们应该完全完成它。谁不想知道他们会患糖尿病？真的是谁？我整夜都在想着这件事。

在医疗设置中，接受基因测试的人也会接受基因咨询，但是，如果您购买了DTC，您更有可能会停留在自己的设备上。

判断——您如何回答？

大部分A
您悠闲自在。您全力以赴。您就是那种会接受测试并稍后处理结果的人。观看碟片！

大部分B
你很好奇。您会被告知，但是如果出现任何情况，您将不知所措。不过，您已经有了一个计划，并且知道要去哪里获取更多信息以帮助您了解结果。

大部分C
你很担心。您想进行测试以减轻您的担心，但很有可能它会适得其反。参加测试之前，请确保您完全知道该测试可以做什么，而不能告诉你什么。并确保您知道去哪里寻求其他支持。

附属细则

进行DTC测试时，还需要考虑以下其他事项：

· 该测试是否已获得FDA（美国食品和药物管理局）或其他官方机构批准用于医疗用途？
· 您的个人信息被用作什么？
· 您的信息如何保密？
· 谁拥有您的DNA和DNA数据？
· 您可以随时要求删除您的信息吗？
· 您的DNA数据还与谁共享？
· 您对这些第三方可以访问感到高兴吗？
· 他们可以识别您吗？
· 您的数据是否加密？
· 您的DNA将来还会用于您不知道的其他事情吗？
· 您的DNA数据可能会链接到社交媒体上吗，例如您的个人资料？
· 您的数据将保留多长时间？

遗传好奇心

——些DTC遗传测试用于揭示有关您的古怪特征，例如您对身高的恐惧是否扎根于您的DNA，或者您在遗传上更容易受到蚊子叮咬。您还可以自己探索其他一些特征。

饭后吃芦笋，你的尿液闻起来好吗，芦笋味?

对? 您的消化系统将芦笋分解成代谢产物，其中一种被称为芦笋酸。这就是赋予芦笋小便独特气味的原因。但是，感知气味的能力是遗传特征。我们一个基因发生变异，使我们一半人嗅觉缺失，我们无法在尿液中闻到气味。为什么不建议下一次在晚宴上点这道菜，以便充分了解主要的嗅觉特征，尽管做好不被邀请回来的准备。

光性喷嚏反射或ACHOO综合征

你会在明亮的光线或阳光下打喷嚏吗? 你妈妈也一样吗? 你的孩子呢? 然后，您可能患有常染色体显性的强迫性眼球突出（ACHOO）综合征，也称为光性（光）喷嚏反射。希腊哲学家亚里斯多德（Aristotle，生于公元前384年）在"关于鼻子的问题"一文中提问时，首先发现了具有这种遗传特征的人，为什么"一个人在看着太阳后会打喷嚏呢?"，令人难以置信的是，我们还没有确定这种特殊现象背后的遗传原因。祝福你!

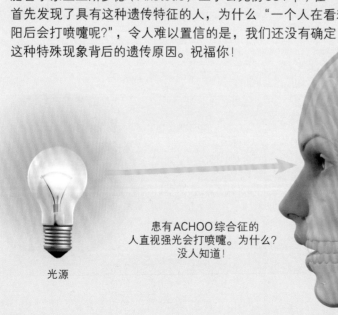

光源

患有ACHOO综合征的人直视强光会打喷嚏。为什么? 没人知道!

参加饼干测试（蓝框）

这样做：取一个无盐饼干，放在嘴里，设置一个计时器，然后开始咀嚼。不要吞咽。记下（几秒钟）开始感觉甜味的时间。

这与您的基因有什么关系？淀粉是碳水化合物食物中的一种糖，例如面包、土豆、面粉和大米。当我们吃淀粉时，酶会将其分解为较小的糖，最终分解为葡萄糖。首先开始这个过程的酶之一是淀粉酶，它存在于唾液中。首先淀粉酶将淀粉转化为麦芽糖，然后分解为葡萄糖，形成甜味，这个化学反应称为水解反应。

淀粉酶是一种蛋白质，因此是由基因制造

的，在这种情况下是由AMY1基因负责。但是，您不会继承这个基因的两个常规副本，一个来自您的母亲，一个来自您的父亲，您更有可能继承多个副本。如果您有两个以上，则可能会产生比其他人更多的淀粉酶。在这种情况下，相比于只有两个AMY1基因的人，您的身体能更快地从含淀粉的食物中释放葡萄糖。饼干测试可以计算出您的身体从饼干中释放葡萄糖所花费的时间，从而可以了解您可能拥有的AMY1基因拷贝数。

分析结果
- 您在14秒钟内就尝到了甜味：您拥有最多的AMY1拷贝数（甚至超过10个）。
- 超过30秒钟您尝到了甜味：您的拷贝数最低（也许只有一个）。
- 如果您的时间介于两者之间：您的拷贝数在中等范围。

人们认为，我们的AMY1基因数的变化是早期人类对进化压力的反应，这种进化压力是含淀粉的食物（包括块茎和块根蔬菜）掺入到了饮食中，就像乳糖酶的产生一直持续到成年（见第90-91页）。

球芽甘蓝 – 您是爱人还是仇人？

总是因为不吃蔬菜而被唠叨？圣诞节时球芽甘蓝和学校里卷心菜的恐怖回忆？也许您具有味觉受体基因变异体，这意味着十字花科蔬菜的味道会令您感到恶心。它们含有与PTC（苯硫脲）相似的化学物质，而PTC是作为人造甜味剂被发现的。对于一半品尝它的人来说，它非常苦，因为他们的舌头上的味蕾受体有另一种形式。

要测试您对绿色的仇恨是否是遗传的，您需要一些PTC口味条，这些口味条可在网上获得。在您的舌头上放一条，如果它有苦味，您就拥有检测PTC所需的三种基因变体之一，有50%的人拥有这种基因变体。我们中的一些人甚至从母亲和父亲那里继承两倍剂量的苦味变种。如果有人对口味条表现出更大的厌恶，那么他们很可能是这些遗传性超级品尝者当中

的一人。为什么有人喜欢马麦酱而有的人讨厌它，人们认为这是相同的概念。实际上，人们已经启动了马麦酱基因计划，并获得了DTC基因测试公司的帮助，试图找出可以解释其消费者极端反应的遗传标记。等待结果，呼吸一口马麦酱味的空气！

基因和肥胖

我们生活在一个越来越容易使自己体重增加的世界上，我们食用高能量的食品而又没有消耗掉多余的食物，并且自1970年以来，医学上定义的肥胖症患病率增加了两倍。如今，有6.7亿成年人和1.24亿5~19岁的人被归类为肥胖。

肥胖的定义是体重指数（BMI-体重与身高平方的比）超过30，其中理想水平为18.5~24.9，超重为25~29.9。从进化的角度来看，我们的身体并不是为了应对盛宴而设计的，而是为了应对饥荒，因此，如今BMI高于25的人更容易出现一系列严重的健康问题，例如2型糖尿病、高血压、心脏病、中风、关节炎、阻塞性睡眠呼吸暂停、癌症、肾脏和肝脏问题，甚至猝死。

当今世界肥胖症已经上升至流行水平，显然生活方式的偏好起了重要的作用，但是基因起着什么作用呢？我们的DNA可能保存着我们需要的信息以保护我们免受健康风险吗？

少数的遗传综合症以出现多种症状为特征，其中有早期发病的严重肥胖症，这说明基因可能参与发病过程。有个例子是关于普拉德-威利综合征（Prader-Willi syndrome）的，它是一种基因印迹疾病，其中一个孩子缺少了来自父亲的15号染色体副本的关键部分，而从母亲那里得到了两个副本（15号染色体母系单亲二体）。虽然患有这种综合征的儿童很难像婴儿一样喂养，但他们很快就会出现贪食（贪婪的食欲），即使在晚上，他们也经常吃一些不寻常的食物，例如生鸡蛋，这就是如此强大的遗传驱动力。

现在已经知道，其他一些从很小的时候就开始发生极端肥胖的罕见儿童期综合征，都与两个相关化学途径的破坏有关，分别称为黑素皮质素受体4（MC4R）途径和瘦素途径。研究已经找到了许多遗传变异体，它们会改变这些途径中的蛋白质并破坏健康体重的调节过程，健康体重的设定是根据进化压力而选择的。鉴于此，这些途径中的重要基因包括LEP（瘦素），MC4R（黑素皮质素受体4）和POMC（阿片黑素促皮质激素原）。

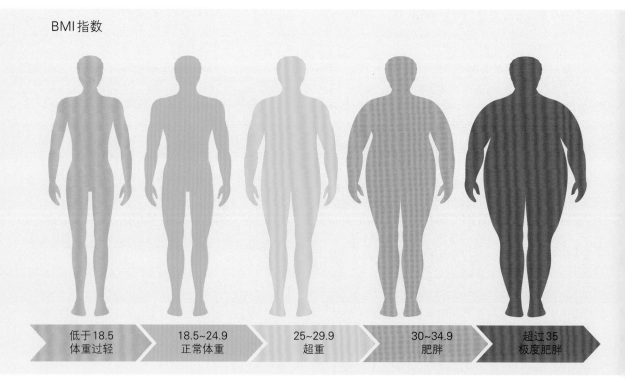

BMI指数

| 低于18.5 体重过轻 | 18.5~24.9 正常体重 | 25~29.9 超重 | 30~34.9 肥胖 | 超过35 极度肥胖 |

瘦素

　　瘦素是由脂肪细胞产生的一种激素，脂肪细胞是储存多余脂肪和脂质的细胞，这些脂肪和脂质存在于皮肤下的脂肪层（称为脂肪组织）中。它抑制了大脑下丘脑的饱腹感，使我们永远不会感到饱。瘦素水平反映了脂肪组织中存储的脂肪量，脂肪存储的越多，人体产生的瘦素就越多。人们认为这是进化力的影响，当食物来源匮乏时，人体会使用脂肪作为燃料来保护我们免受饥饿。

　　常染色体隐性遗传病先天性瘦素缺乏症的儿童患有严重的肥胖症，身体认为没有瘦素，不是因为遗传缺陷导致无法产生，而是因为它错误地认为没有脂肪。因此饱腹感中心不断关闭，导致暴饮暴食和体重增加过多。

黑素皮质素受体4（MC4R）

　　MC4R途径负责调节体重。该受体存在于大脑的特殊神经细胞中。激活后，它会发出信号来控制能量摄入和能量消耗以达到适当的平衡。MC4R基因的显性和隐性变化可导致与MC4R相关的肥胖症。实际上，这种变化构成了导致肥胖症的最大单个基因，负责5%（20分之一）的严重肥胖症患者。与MC4R相关的肥胖症对身体的其他影响还包括：瘦体重增加（您的体重减去来自骨骼，肌肉和内脏器官的脂肪），并增加了儿童期的生长速度。这会产生"大骨"的效果。

阿片黑素促皮质激素原（POMC）

　　POMC是垂体产生的一种蛋白质，由不同蛋白质连接在一起组成的。全长POMC分解后，会产生三种不同的较短蛋白质：促肾上腺皮质激素（ACTH），内啡肽和刺激黑素细胞激素（MSH）。ACTH是腹部肾上腺产生的一种激素，负责体内分解代谢产生的类固醇，而内啡肽激活人体的阿片受体，产生天然的止痛作用。

　　MSH通过触发MC4R受体发挥作用。POMC的MSH部分破坏或缺失会导致POMC相关的肥胖，因此我们从不会感到饱。

FTO

　　脂肪与肥胖相关的基因FTO，是第一个被鉴定为含有与BMI升高相关的遗传变异，并在今后的生活中具有引起肥胖的趋势。有五种与

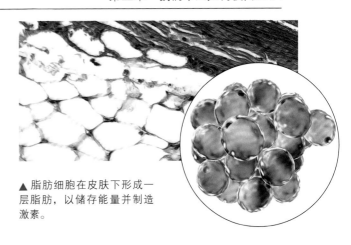

▲ 脂肪细胞在皮肤下形成一层脂肪，以储存能量并制造激素。

FTO基因相关的已知变体，并且都在相邻的区域找到，这意味着它们通常作为标记的"块"被遗传，因此，如果您拥有一个，则很可能全部拥有它们。一个特定的变体，其中用A代替T的rs9939609标记，与肥胖增加的概率有关，但不一定是因果关系。具有两个A等位基因（AA）的人比具有AT的人患肥胖症的概率更高。

　　尚不清楚为什么FTO变异会导致肥胖趋势，它可能是通过大脑和暴饮暴食的行为来介导的，或者可能与人体如何代谢碳水化合物有关。与患有TT等位基因的人相比，该基因的AA形式在摄入高碳水化合物的情况下其肥胖几率高2.5倍。知道您有这些变异并不意味着您肯定会超重，但您可以采取措施来改变自己的生活方式以保持健康，并且在DTC健康和运动基因测试中寻找其中的一些标记。

多基因肥胖评分

　　研究表明，总体而言，几个遗传因素会影响肥胖，并且可以解释两个人对肥胖倾向差异的40%~70%。瘦素水平似乎确实在"每天"肥胖中起作用，有些人呈现异常高的水平。那些人甚至可能发展出瘦素抵抗力，使人体不再对荷尔蒙作出反应（有点像糖尿病中的胰岛素抵抗力），从而使大脑无法得知这个人已经饱了。

　　具有许多遗传肥胖因子的累积效应，每个因子都发挥着很小的作用，这意味着医生可以给个体提供多基因肥胖评分，一种可预测患上与基因相关的肥胖病风险的计算方法。

长寿基因

维多利亚女王于1901年去世时享年82岁，这在女性平均预期寿命为48岁的时代是不小的努力。伊丽莎白女王去世时享年101岁。日本第125位天皇——明仁在2019年4月退位时，享年85岁。父亲裕仁87岁去世后，他继承了王位，登上了菊纹宝座。他的儿子德仁必须做好长途跋涉的准备，他直到2019年才继承现任皇帝的职位，当时正值59岁。当您看到像这样的家庭时，您不禁会认为能活到很大的年纪必然是由遗传决定的。

长寿基因

研究人员为了寻找可能会延年益寿的基因，对110岁以上的超百岁老人进行了研究。他们在这些年纪非常大的老年人中发现了许多基因，这些基因似乎与超长寿命相关，例如FOXO3（前额箱O3——一种对细胞再生至关重要的转录因子）。他们发现的基因可以分为两个不同的组：细胞维持和针对某些疾病的防护。

细胞维持

负责维持细胞的基因可以执行以下功能：修复受损的DNA，维持端粒的长度（随着年龄的增长，染色体的末端会变短）以及防止自由基的有害作用（"流氓"细胞导致衰老和疾病）。遗传研究表明，超百岁老人的基因可以更有效地完成这些任务。

▲ 伊丽莎白女王（Queen Elizabeth），王后的母亲，于1926年与女儿伊丽莎白二世（Elizabeth II）一起。

疾病防护

第二组基因的标记物与某些健康问题的风险增加相关，如心脏病、中风和2型糖尿病，至少当出现在平均寿命的人中时是这样的。当存在另一组标记时，它们似乎是保护性的，我们不能说它们绝对是保护性的，只是对于那些不具有增加健康风险的标记的人来说，没有消息就是好消息。

其后果仅在很大的年龄中才明显，因为在此之前，环境因素（例如吸烟和不健康的饮食）似乎比遗传因素对健康（生存年龄）的影响更大。

◀ 左下图图题：日本天皇裕仁天皇（中央）和皇室成员，包括他的妻子长永皇后（坐在左边）和他的儿子明仁天皇。一个家庭中的长寿事件可能归因于遗传。

长寿的遗传力

但是，DNA并不是长寿的唯一解释。另一组研究人员研究了5.4亿个家谱，均来自于祖先DNA消费者测试服务系统。研究人员集中研究了那些在1800年代和1900年代初出生但现在已经去世的人，关注的是他们去世时的年龄。当将此信息与一级亲戚（如父母和兄弟姐妹）的信息进行比较时，遗传因素似乎可以解释寿命的20%至30%的差异，与先前研究显示的25%的遗传力一致。

祖先DNA数据还显示，配偶往往在相似的年龄死亡，这并不奇怪，因为夫妻在一起生活对夫妻的寿命有非遗传的影响。然而，令人惊讶的是，观察到非血缘关系的亲戚，例如表兄弟姐妹和堂兄也在相似的年龄去世，这一发现使寿命的遗传力下降为7%。原因可能是分类交配，即人们选择与他们性质相似的伴侣的概念。

寿命评分

爱丁堡大学的科学家研究了500,000人的DNA，并询问他们父母的年龄。结合这些信息，研究人员可以识别出似乎影响寿命的遗传密码中的12个区域。他们根据这些多基因链接得出了寿命得分。当他们根据自己的分数将参与者分为10个不同的组时，科学家发现，最高的组的寿命比最低组的寿命长5年。

因此，实际上，我们的寿命似乎是遗传因素和环境因素的完美结合。因此，如果您想在自己的100岁生日时最大程度地获得皇家电报的机会，请不要吸烟、健康饮食和锻炼身体，并谨慎选择伴侣！

家谱

建一个家谱，也称为谱系，向我们展示了我们在亲戚和祖先中所处的位置。对于遗传学家和家谱学家而言，这都是一个有用的示意图，有助于追踪家族特征并找到您在家庭中的位置。它甚至可以揭示一个令人惊讶的过去。你以为你是谁？

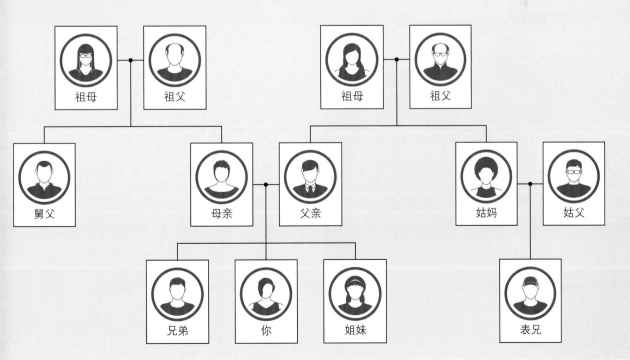

智力基因

涉及同卵和异卵的双胞胎的研究表明，智力是高度遗传的特征。实际上，根据您所研究的内容，智力的50%~80%是可遗传的，这意味着遗传因素在一个人与另一个人之间的智力差异中占大多数。智力是多方面的，没有单一的定义特征，许多独特的品质可以使我们认为某人聪明。考虑到这一点，我们如何才能开始发现所谓的智力是由遗传决定的以及其背后存在的东西？

一种相对客观的智力测度称为智商（IQ）。智商评估使用韦氏成人智力量表（WAIS）来计算分数。全面的WAIS测试由不同的子测试组成，这些子测试描绘了智力的不同方面，例如口头智力和表现（感知和处理技能）。口头智商可以衡量获得的知识以及推理和解决问题的能力，似乎与潜在的遗传因素高度相关。通过增加遗传力"负荷"，这时分类交配再次成为潜在的特征，志趣相投的人更有可能选择彼此。

科学的麻烦

从根本上讲，开展与智力遗传性有关基因的研究非常困难。一些研究使用GWAS技术来分析学历较高的人员的整个基因密码。也就是说，研究针对的是那些在学习中花费最多时间的人，这在科学研究中是与遗传背景相联系的"特征"，似乎效果会最好。当然，已经通过这种方式找到了许多智力的遗传标记，但是结果显示出主要的局限性。首先，一项研究并不一定总是复制另一项研究的结果，而科学的可重复性是确定事实的关键。其次，当单个标记的作用非常微小时，我们将需要成千上万的庞大人群来生成与智力相关的遗传变异列表。为了找到真正相关的东西，需要大规模地扩大这些研究的规模，而这在逻辑上往往是禁止的。

但这并不是说现有研究没有价值，有些研究已经具有足够大的统计能力，这些研究在一定程度上给出了可重复的结果，并确定了与智力有关的新遗传标记。实际上，已经有超过一千种这样的研究，要证明它们的全部意义是困难的，特别是因为在实际产生蛋白质的遗传密码区域中只有一小部分标记被发现。

但是，这些标记物在大脑的某些部位表达，这些部位与决策、执行功能、解决问题和记忆力有关。在这种情况下，研究人员似乎走在正确的道路上，只是要做很多事情才能深入浅出。而且，在我们这样做之前，我们必须假设，与许多其他人类特征一样，智力主要是遗传和环境因素的产物。换句话说，受教育的机会、养育方式、营养和社会经济学等诸多方面，在认知能力的发展中也起着重要的作用。

◀智商测试检测不同领域的能力。

性别基因

决定男女性别受基因控制。男性在Y染色体上带有决定性别的基因，例如SRY基因（雄性的性别决定基因）。胎儿产生的雄激素睾丸激素会促使其分化成雄性，而抗苗勒氏管激素也是如此，其存在会导致器官的逆转，否则这些器官会变成女性的子宫和输卵管。这与性别的关联方式是性别之间的二元社会和文化差异，而不是生物学上的差异，显然不具有遗传性。性染色体的拷贝数变化似乎与性别无关。拥有额外性染色体的男性，例如XYY男性，并不比XY男性更男性化。XXY男性因拥有额外的X染色体也并没有更加女性化。但是性行为呢？性偏好会遗传吗？

遗传与性

通过对大约一千名自我认同为同性恋的男性和一千名自我认同为异性恋的男性全基因组关联研究（GWAS），得到了两个标记，在这个相对小众学科中，这两个标记似乎与男性的性取向有关。在TSHR（一种编码促甲状腺激素（TSH）受体的基因）和SLITRK6（一种几乎不与先天性耳聋相关的基因）中检测到标记。为何在与性倾向无关的基因中发现可能与性相关的标记，这尚不清楚。涉及双胞胎的基因研究提出了可能与之冲突的结果，有些结果暗示了潜在的遗传联系，而另一些结果是围绕同性双胞胎的性偏好，结论证实遗传联系是不可能的。

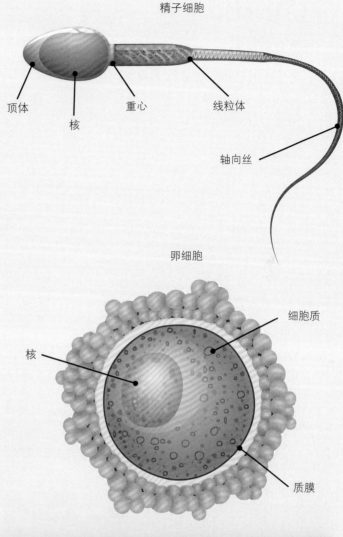

精子细胞

顶体

核

重心

线粒体

轴向丝

卵细胞

细胞质

核

质膜

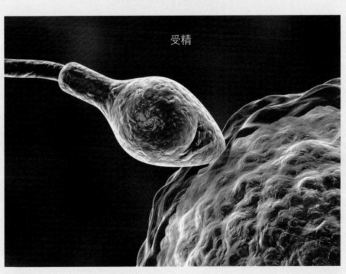

受精

力量和耐力基因

看马拉松奖牌表，可以看出这项运动在男女比赛中都由肯尼亚选手主导。在有史以来前十名最快的男运动员中，有五名是肯尼亚人。所有其他人都来自邻国埃塞俄比亚。在女性排行榜上也可以看到相同的情况：最快的六个来自肯尼亚，三个来自埃塞俄比亚（英国的宝拉·拉德克利夫位居榜首）。这些跑步者大多数来自一个500万人组成的名为卡伦金（Kalenijn）的特定部落。同样，人口仅有300万的牙买加小岛为100 m和200 m冲刺项目贡献了不少比例的奥运奖牌获得者。以博尔特（Usain Bolt），尤罕·布雷克（Yohan Blake）和雪莉·安·弗雷泽—普莱斯(Shelley–Ann Fraser–Pryce)为首发。那么，这些群体的运动员在遗传上是否有特殊之处，可以使他们在各自领域取得如此成功？

遗传对肌纤维的影响

运动精英成功背后的身体特征包括肌肉中各个纤维的性质以及剧烈运动期间人体将氧气输送到组织的能力。骨骼肌通过收缩移动关节，它由两种不同类型的纤维组成，分别称为慢肌和快肌。慢肌纤维收缩缓慢，在长时间的体育锻炼中最有利，而快肌纤维收缩迅速，这对短跑和需要强壮肌肉的运动有利。

ACTN3基因中的两个特定变体与不同的身体能力有关，该变体可产生称为 α–肌动蛋白—3的快速抽动蛋白。一种变体R577X导致产生较短的截短蛋白，因为位置577插入氨基酸后，变体过早终止转录。某些人在ACTN3

▼牙买加男子4X100m接力队，2016年里约奥运会冠军。

▶ 科学家表明，高海拔登山者得益于遗传。

（称为577XX）的两个副本上都具有这种变体，这意味着它们相比于快速拉伸纤维，具有更多的慢速拉伸纤维，这使它们非常适合长距离跑步等耐力事件。与此相反的是具有577RR，具有更多的快速拉伸纤维。在这种情况下，运动员具有非凡的速度和力量，这使他们特别擅长短跑比赛，例如100 m快速冲刺。

影响运动表现的另一个基因是ACE。它负责编码血管紧张素转换酶（ACE），这个酶将称为血管紧张素Ⅰ的激素转变为血管紧张素Ⅱ，从而稳定血压（您可能听说过可以治疗高血压的ACE抑制剂）。但是，它的作用远不止于此，ACE中的标记物也与肌肉力量和身体耐力有关。一种称为D等位基因的标记，表明ACE中发生了237个核苷酸碱基的缺失，它提高了ACE水平，因此那些具有两个D标记（DD模式）表现出最高水平。这种化学特性在某种程度上与大量的快速弹力纤维有关，因此与短跑能力有关。另一个标记，Ⅰ等位基因，导致ACE水平降低，因此酶活性降低。来自珠穆朗玛峰研究小组的一组科学家发现，可以爬升至8,000 m以上的登山者更有可能拥有两个Ⅰ标记（ⅡⅠ模式），这些Ⅰ标记具有许多缓慢抽动的纤维并改善了身体耐力。

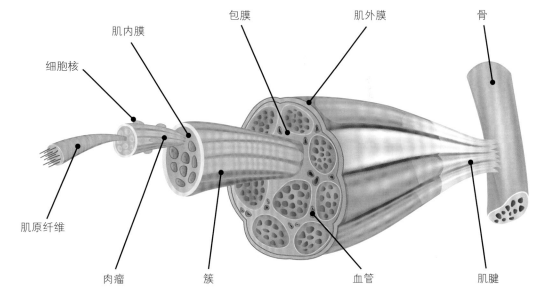

▶ 骨骼肌附着在骨骼上，当它们收缩时使我们移动。每个都由许多单独的纤维组成。影响精英运动员的遗传因素被证明可以提高他们的效率。

细胞核

肌内膜

包膜

肌外膜

骨

肌原纤维

肉瘤

簇

血管

肌腱

体育成功的遗传力

早在1970年代初期对许多双胞胎的研究表明，与体育表现相适应的某些身体特征具有很强的遗传力，这意味着存在影响成功的强大遗传因素。例如，一项研究测量了同卵双胞胎和异卵双胞胎的最大摄氧量（有氧运动期间的体能）。该研究表明，在93%的案例中，遗传力对运动过程中的身体承受能力有重大影响。

网球巨星姐妹塞雷娜（Serena）和维纳斯·威廉姆斯（Venus Williams）；英国足球传奇人物鲍比（Bobby）和杰克·查尔顿（Jack Charlton）兄弟；父子门将二人组彼得（Peter）和卡斯珀·施梅切尔（Kasper Schmeichel）均表明，体育的成功的确有某些元素保留在家族中。但是，DNA是否是所有答案（以及所有原因）？或者涉及某些天赋？也许他们的环境（包括家族的"习惯"和对训练竞争成顶级运动员的信念）发挥了更大的作用——这些运动员仅仅只是在支持实践、实践、实践观念的环境中长大？

实践与潜力

著名的瑞典心理学家K·安德斯·爱立信（K. Anders Ericsson）从他的研究得出的结论是，在10年的时间里要进行10,000个小时的练习，才能成为某个方面的专家。这样一来，运动精英的表现似乎通常不是具有强烈影响力的单基因效应（如ACTN3）的产物，而是多种遗传因素产生的卓越潜能（自然）的产物，而天生的潜能只有在艰苦的环境和表现发展（培养）中实现。此外，加拿大身体运动科学研究员珍妮特·史塔克斯（Janet Starkes）也证明，运动能力也依赖于特定的认知技能。如果您愿意的话，大脑和肌肉就可以。

▼ 在2012年伦敦奥运会开幕式上，包括几组兄弟姐妹的运动员在游行。

▼ 网球巨星维纳斯和塞雷娜·威廉姆斯（姐妹关系）。

性与运动

2014年，国际田径联合会（IAAF）禁止18岁的印度短跑选手杜蒂·钱德（Dutee Chand）参加比赛，因为她的睾丸激素水平（"男性"或"雄激素"的水平）超过了该组织规定的女运动员标准。国际田联解释说，当妇女的睾丸激素水平处于男性的正常水平（确定为每升10纳摩尔）的最低值时，导致肌肉量和力量的增加，从而使其具有不公平的优势。

当运动员服用人造激素（如睾丸激素）来改善他们的表现时，便引入了对兴奋剂进行检测的指南。他们没有想到的是发现了像杜蒂·钱德这样的女运动员，她们的身体会自然地产生高水平的睾丸激素。

杜蒂具有46, XY的男性染色体模式。她的身体会产生睾丸激素（某种程度上所有妇女的身体都能分泌），但是遗传改变使睾丸激素无法被检测，这反过来不会对她的身体特征产生雄激素作用，也就是说，杜蒂不会拥有男性生殖器（她拥有女性身体和男性荷尔蒙水平）。这被称为"性发展差异"（DSD）。对雄激素的不敏感性可能是完全的，也可能是部分的，而且对每个人的生理影响可能会有所不同。

2015年，杜蒂挑战了国际田径联合会（IAAF）关于女性睾丸激素水平的立场。体育仲裁法院（CAS）裁定，关于竞争优势的主张，没有足够的证据来制定这种笼统的规定。后续研究的证据表明，更高的睾丸激素水平可以将表现提高多达3%。两年后，国际田径联合会又制定了另一项指导方针，这次指导方针专门针对的是患有46, XY DSD的女子运动员。最初的指导方针不允许女性在睾丸激素水平达到每升10纳摩尔或更高时参与竞争，但修订后规定女性睾丸激素水平应降低到每升5纳摩尔，与正常女性范围相符。可以使用某些类型的口服避孕药进行荷尔蒙操作以调节激素水平，使其降至联邦的可接受范围内。

南非另一位备受瞩目的田径运动员卡斯特·塞梅尼亚（Caster Semenya）也向国际田径联合会提出了挑战，这一次是对于每升5纳摩尔的新规定。经过最初的反驳，她的挑战被接受了，患有DSD的女运动员将不需要为了比赛而服药。

▼ 此图为杜蒂·钱德由于性别被迫退出亚运会四年的训练照片。

▼ 卡斯特·塞梅尼亚（Caster Semenya）在2019年5月3日的国际田联钻石联赛中参加女子800 m比赛。

DNA轮廓分析

我们手掌和指尖上的线条、弓形、环状和螺纹状的科学研究称为皮纹术（字面意思是"刻在皮肤上的"）。在医学遗传学的早期，医生和科学家们仔细研究了这些基因，认为它们的模式可能与遗传异常有关。摒弃手相术精确性的观念后不久，刻画一个人的性格或通过看他们的手来预示他们未来的做法，以科学的方式阅读我们手上的线条在临床实践中没有什么用处。但是，它对于抓捕罪犯和实施边境管制更为有效。

我们的基因组差异与我们的指纹一样对我们来说是独特的，并且这构成了DNA指纹和轮廓分析的基础。

抓捕罪犯

为了解决犯罪和避免误判，DNA技术已成为法医学的礼物。我们的遗传密码中某些模式是唯一的，就像指纹一样，这个发现意味着在犯罪现场留下的生物样本提供了可以解锁犯罪者身份的钥匙。但是，是如何解锁的呢？

小卫星

小卫星是遗传密码的一部分，其中的DNA序列反复重复，最多重复50次。这些区域有上千个，每个区域包含10至60个核苷酸（那些A、T、C和G碱基）。当小卫星的DNA从一代复制到下一代时，这些部分重复的次数就会改变。因此，每个新人都有独特的重复次数，同卵双胞胎除外（出于兴趣，即使是同卵双胞胎

▼ 留在犯罪现场的生物样本中发现的DNA可用于抓捕罪犯。

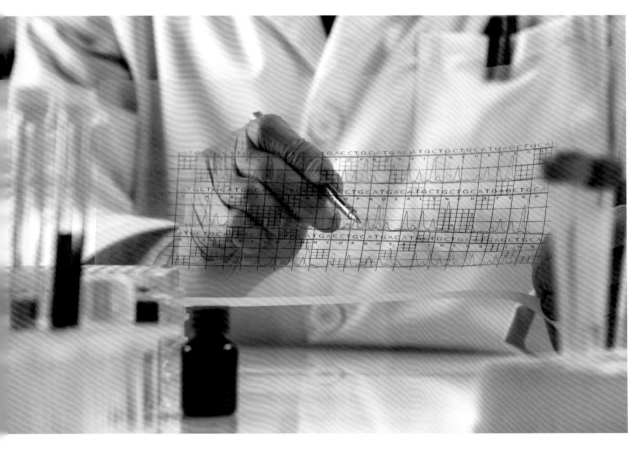

也没有相同的指纹）。使用RFLP方法，法医小组可以使用特殊的酶在可变重复序列的任一侧"切出"DNA，然后测量其大小。该片段可创建所有小卫星的唯一条形码。

微卫星

但是，如今法医团队可以研究比小卫星短得多的重复DNA片段。微卫星是串联的短重复序列，也称为短串联重复序列或STR（长2至5个碱基）。这些片段中约有20个组成有效DNA分析所需的数量。处理可能留在犯罪现场的微小DNA样本时，创建微卫星条形码更为有效。它也使用聚合酶链反应（PCR）技术，而不是更加笨拙的RFLP酶方法来生成相对较大的小卫星片段。

国家DNA数据库

英国的法医使用DNA-17基因指纹图谱系统制作了16个微卫星和一个可确定性别的条形码（来自褪黑激素基因中X或Y的DNA）。这

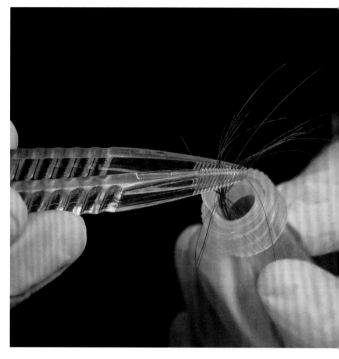

▲ DNA甚至可以在最小的头发样本中找到，并用于法医分析。

DNA轮廓分析

DNA分析使用与桑格测序相似的方法。它需要少量的DNA，将其浓度提高几倍（放大），然后分析17个不同位置或基因座上的微卫星标记。这将建立一个特定于个体的DNA谱，可用于与其他谱进行比较以找到匹配项。

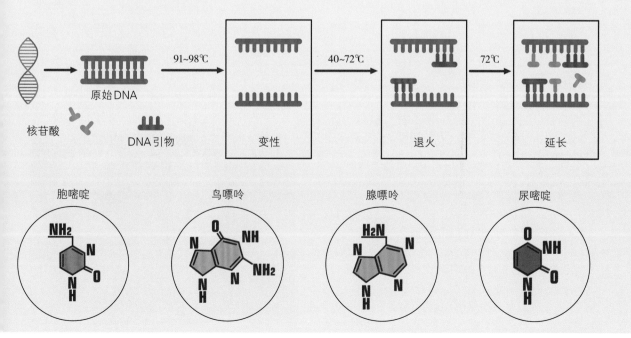

核苷酸　　DNA引物　　91~98℃　变性　　40~72℃　退火　　72℃　延长

原始DNA

胞嘧啶　　　　鸟嘌呤　　　　腺嘌呤　　　　尿嘧啶

亚历克·杰弗里斯（Alec Jeffreys）（1950年至今）

1984年，莱斯特大学的遗传学家亚历克·杰弗里斯在研究人类基因的正常变异时，偶然发现了DNA指纹图谱。他注意到人与人之间重复的次数不同，即使它们是密切相关的。他得出的结论是，即使我们从母亲那里继承了一组标记，又从父亲那里继承了一组标记，但是重复次数的变化对于新生人类而言是唯一的，就像指纹一样。

交换和重组发生在卵子或精子传递标记物之前。虽然组合可能不同且独特，但可以将标记的单个混合物识别为来自一个或另一个亲本。有了这些理论，在他的发现后不久，杰弗里斯（Jeffreys）于1985年便利用基因指纹技术证明了一个小男孩确实是一对声称是他父母的儿子，从而帮助解决了移民纠纷。然后进行了第一次DNA指纹图谱的亲子鉴定。此后不久便将其用于取证。

将为每个人生成32个读数，一个来自每个等位基因，一个决定性别，这些信息有助于解决犯罪。大多数国家都有DNA谱的国家数据库。英国数据库建立于1995年。现在由内政部管辖，该数据库永久记录着约600万与严重犯罪有关的英国人的DNA谱。根据2013年《保护自由法》的裁决，将近200万个个人资料被删除。

DNA数据库意味着，一旦发现新的DNA证据，不仅有可能解决现在的案子，还有解决冰封的案子（多年未解决的案件）的潜力。总的来说，这可能意味着抓捕迄今已能自由行走的罪犯，这也意味着我们能够释放或免除那些被错误指控的人。

犯罪现场调查

在法庭科学中使用DNA的价值是毋庸置疑的，但是，DNA的有用性最终取决于准确性，尤其是收集DNA的谨慎性。整个案件可能取决于法医检查员从犯罪现场收集样本的准确性。任何污染迹象都会使DNA证据不可接受。

人们认为，反复洗涤后，DNA可能残留在衣服上，而来自不同人的DNA甚至可能在洗衣机内部交叉污染。甚至还存在着一个问题，即每个人平均从自己的皮肤上脱落的DNA量是否相等。或者如果某些人，所谓的"脱落更厉害的人"，比其他人脱落的更多。需要多少接触才能留下足够数量的DNA仍然不清楚。因此，尽管DNA在法医学中的作用已经确立，但收集DNA的科学仍处于起步阶段。

▼ 警方法医人员检查2019年发生在德里的一起疑似汽车炸弹爆炸的现场。

犯罪的基因

DNA可以帮助解决犯罪，但是它起初可能创造犯罪分子吗？几项遗传学研究认为这是可能的，至少适用于那些具有极端暴力行为的人。科学家试图确定犯罪的潜在遗传动因，并已经在少数基因中发现了相关变异。

"战士基因"等

荟萃分析结合了1996年至2006年间发表的38项研究的全部结果，这些研究将反社会、暴力或侵略行为与遗传影响联系在一起，结果表明，基因可以解释引起人们犯罪的原因的56%（其中42%与环境因素有关，例如，在家庭暴力的环境中成长）。其他研究已经发现了遗传变异的特定例子，这些遗传变异似乎将DNA与犯罪联系在一起，特别是在犯有极端暴力罪的人中。例如，芬兰进行的一项GWAS研究中，在犯下了10多个谋杀、未遂谋杀和殴打罪名的罪犯中，MAOA和CHD13基因中有两个遗传标记。

MAOA生产一种称为单胺氧化酶A的蛋白质，该酶可代谢多巴胺。多巴胺是一种神经递质，是大脑中的一种化学信使。释放它是为了响应积极刺激，这是一种化学奖励，可以增强"良好"行为。在暴力罪犯中更常见的MAOA变体导致多巴胺代谢变慢，维持较高水平的时间更长，因此被称为"战士基因"。

在瑞典和新西兰进行的针对极端社会行为的类似研究也支持以下观点：基因在犯罪活动中起着重要作用，但是，它们都很小，因此统计上不足以显示结论性的东西。到目前为止，全球尚无足够证据支持基因检测作为科学手段预测犯罪的任何概念。

▼一些神经细胞或神经元会产生一种称为多巴胺的化学物质，这是一种神经递质，它控制着对运动、情绪、愉悦和疼痛至关重要的神经冲动。

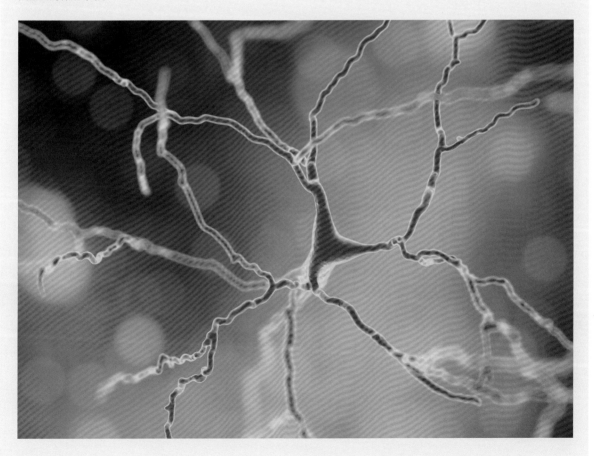

DNA指纹图谱

莱斯特郡警方根据罪犯两年半以来作案手段的相似性，确信两名杀手是勒死两名15岁女孩，并实施强奸和杀人的罪犯，这是法医界首次进行DNA轮廓分析。他们进行了"DNA扫描"，从当地尽可能多的人那里获取样本。他们将这些DNA指纹与从犯罪现场发现的样本中提取的DNA进行了比较。但是，他们的努力是徒劳的，没有得到匹配。一年后，一个人在酒吧里偷听到一个人的吹嘘，说在扫描期间，他说服了一个同事来代替他提供样品。警方随后测试了这个吹嘘的人的DNA，事实证明该DNA轮廓得到匹配。该男子最终被定罪，这是第一起使用DNA指纹技术将罪犯绳之以法的案件。

停车场之王

2012年8月，莱斯特大学的一个研究小组开始寻找国王理查三世（1452—1485）的遗骸。理查德（Richard）从1483年起成为英格兰国王和爱尔兰王（Lord of Ireland），直到他在玫瑰战争中的决定性战役博斯沃思菲尔德（Bosworth Field）逝世为止。他在亨利·都铎（Henry Tudor）死后，成为国王亨利七世（Kenry VII），结束了约克家族的统治。理查德死后的遗体在野外，后被带到附近的莱斯特，没有经过仪式便葬在灰色男修道士教堂的一个坟墓中，该坟墓于16世纪的新教改革期间被放错了位置。不过，考古队希望找到理查德的坟墓，互相赌注认为他仍在灰色男修道士内部。

历史记录表明，该地点现在位于停车场下方，而预算非常紧张的团队不得不就搜索应该从何处开始做出至关重要的决定。他们相信他的坟墓将被放置在教堂的合唱团里。他们开始挖掘，发现了骨骼遗骸。但是他们属于理查三世国王吗？间接证据对他们有利：遗体在正确的位置，属于30~34岁的男人，身体多处受伤。放射性碳测年表明他在1450年至1540年去世。有证据表明脊柱侧弯，理查德曾有过脊柱弯曲。到目前为止，还算不错，但是这些都不能确切地证明这些实际上就是理查德三世的遗骸。

▼ 莱斯特大学的首席考古学家理查德·巴克利（Richard Buckley）揭示莱斯特发现的人类遗骸是否是理查三世国王的遗骸。

真正的皇家肖像

　　鉴定理查德的遗体并不是科学家从其骨骼中回收DNA故事的尽头。莱斯特队还有另一个用途：他们想用它来刻画他的模样。研究人员尤其想知道理查德的头发和眼睛的颜色。理查德的肖像有两幅，一幅在皇家收藏，另一幅在伦敦古董研究所。但是，哪一个（如果有的话）提供最接近的相似度？查看与这些身体特征相关的遗传标记时，理查德有96％的概率拥有蓝眼睛，并有77％的确定性是金发（至少是儿童）。看来他与古董博物馆协会里的画像最接近。

　　科学家成功地从骨头中提取了DNA，因此开始了从基因上证明这确实是国王的过程。首先，重点是Y染色体DNA。理查德本人没有任何直接后代，因此要揭开这个谜团，首先要追溯几代人，然后再建立家族的另一分支来寻找活着的亲人。在庞大的分支谱系中，这条分支回到了爱德华三世国王（1312—1377）和约翰·冈特（1340—1398），然后跃升了几代人到博福特公爵（1744—1803），最后与现今理查德的男性后裔萨默塞特（Somersets）联系起来。但事情到此为止：与理查德自己完全不同的Y染色体模式揭示了沿这条线发生的非亲子关系事件。

　　DNA侦探工作重点放在母系上。理查德的母亲塞西莉·内维尔（Cecily Neville）会将线粒体DNA提供给他和他的妹妹，约克的安妮（Anne of York）。反过来，安妮可以将她的线粒体DNA传给下一代。实际上，沿着母线有可能走到最后，直到今天还活着的两个人：第17代后代迈克·易卜生（Michael Ibsen）和第19代亲戚温蒂·杜狄希（Wendy Duldig）。将他们的线粒体DNA与在莱斯特停车场发现的残骸进行比较，结果表明它与迈克·易卜生的完全匹配，而与温蒂·杜狄希仅存在一个基本差异。结果证实，这些遗骸确实是理查三世国王。通过DNA测试解决了这个谜团，理查德的遗体于2015年3月26日在莱斯特大教堂举行了盛大的典礼，并重新举行了仪式。

▼英格兰国王理查三世的后裔迈克·易卜生（Michael Ibsen）和温蒂·杜狄希（Wendy Duldig）于2015年3月23日在莱斯特郡莱斯特大教堂的新闻发布会上，在国王的葬礼进行之前致辞，国王约530年前因1485年博斯沃斯战役而英勇去世。

辛普森审判（1995）

　　1994年6月17日，有9,500万人收看辛普森（Simpson）被警方起诉的节目，他是美国国家橄榄球联盟（NFL）足球明星之后成为电视体育评论员。那天早晨，他没有在警察总部出面回答有关证据的问题，这些证据是关于他谋杀他的前妻妮可·布朗·辛普森（Nicole Brown Simpson）和她的朋友罗纳德·戈德曼（Ronald Goldman）。他被允许参加她的葬礼，条件是他第二天会主动出现。他如果被捕的话，将在电视法庭上进行审判和逮捕，审判将持续133天。当无罪判决最终出现时，世界都将疯狂地注视着这一切。

　　DNA证据起初只是一种司法鉴定工具，但在陪审团的裁决中发挥了作用。但是，在审判前，官员们讨论了DNA证据是否可以在法庭上用于受理该案。毕竟，它的意义仍然鲜为人知，其有效性受到怀疑。尽管如此，检方仍向陪审团提供了从犯罪现场和辛普森家中的许多不同来源收集到的DNA指纹图谱的结果。分析表明，在现场发现的血液与辛普森的血液匹配度为一亿七千万分之一，而在这个家中发现的血液与被谋杀的前妻的血液匹配度则为六十八亿分之一。按照今天的标准，证据是令人信服的，但是，国防小组只是简单地将其驳回，并说：

▼双重谋杀被告辛普森（C）与他的律师约翰尼·科克伦（R）和罗伯特·布拉西耶（L）一起坐在1995年9月11日的辛普森谋杀案审判的法庭听证会上。

带有DNA的刷子（蓝框）

　　是否可以从发刷或牙刷中提取DNA？是的。

　　头发中的DNA来源于毛囊，毛囊是覆盖发根的细胞鞘，将其锚定在皮肤的真皮层上。（发干本身不包含DNA，因为它没有细胞，只有一种叫做角蛋白的蛋白质。）因此，发刷中需要含有从头皮拔出且根部完整的头发。牙刷提供了DNA的来源，因为它们上面涂满唾液，其中含有颊细胞。

"某些东西（一定）是错误的。"辛普森自由地脱身了。

　　最初的起诉团队成员相信，如果他们再次使用相同的证据进行审判，那么辛普森的结果将大不相同。如今，我们对DNA证据有信心，司法系统经常依赖它。我们尽可能快而有效地保护犯罪现场，避免样品污染并限制分析结果的冲突。如果没有DNA法医小组，还有什么自信的电视犯罪调查节目是完整的？

亲子鉴定

　　自从亚历克·杰弗里斯（Alec Jeffreys）发现我们的遗传DNA可以识别我们的父母，但是我们的DNA指纹是独一无二，从此以后，就一直需要将这种知识应用于建立正确的亲子关系。过去，我们只能使用父母和孩子的血样来进行此操作。但是，如今，由于技术的进步，我们可以使用唾液甚至毛囊进行亲子鉴定。此外，我们仅需要假定的父亲和孩子的样本——所谓的"无母亲"检测。科学家分析了35种不同的微型卫星标记，并将儿童样品中的重复序列与成人样品中的重复序列进行了比较。与父亲匹配则确认为父亲，而出现差异则并非为父亲。

DNA和灾难的受害者

　　自然（或其他）灾难会导致许多受害者，是DNA分析中最重要的社会用途之一。如果我们可以将遗骸中提取的DNA的基因指纹与受害者的任何一种DNA（例如，使用他们的牙刷作为来源），或带有亲戚的DNA指纹进行匹配，则可以正确地识别受害者，使家人相认并让亲人安息。

▲搜救队寻找建筑物倒塌时里面的人。

使用DNA谱图识别受害者的方法来应对大规模灾难的响应，这是一项重大的后勤工作。创建一个系统，用于收集和分类样本，分析DNA指纹并与其他DNA谱进行比较，这需要一种细致的方法和对细节的极度关注，而且通常面对的是最恶劣的工作条件。火灾、飓风、爆炸、海啸，其他各种灾难情况——可能使碎片散布到远方，破碎的碎片，这使恢复工作异常困难。此外，匹配受害者和样本之间的DNA轮廓取决于亲属的帮助。科学家需要亲人直面他们的心痛挺身而出，提供自己的DNA样品或潜在受害者的发刷或牙刷的样品，以便进行分析，以提供任何答案。

因此，使用DNA识别受害者的过程可能会花费一些时间也就不足为奇了。2018年的野火肆虐加州北部并摧毁了天堂镇之后，官员们最初依靠指纹和牙科记录来识别受害者。即使是残骸遭受严重破坏的人，DNA谱图鉴定也是可靠的。但是，亲戚的DNA数据库仍然低于人口数，火灾三周后，已经确认了88人，但仍有200人失踪。

从2017年伦敦格伦费尔大厦（Grenfell Tower）火灾到2004年东南亚海啸，再到2019年埃塞俄比亚航空公司飞机失事，DNA轮廓分析一直是在面对彻底破坏的情况下将亲人的遗体还给亲戚的主要手段。但是DNA是美好而持久的，甚至可以在事件发生后数十年为需要的人提供帮助：用DNA分析识别2001年纽约世界贸易中心恐怖袭击的受害者的工作仍在进行中，悲剧发生将近二十年后，已成功地识别了受害者。

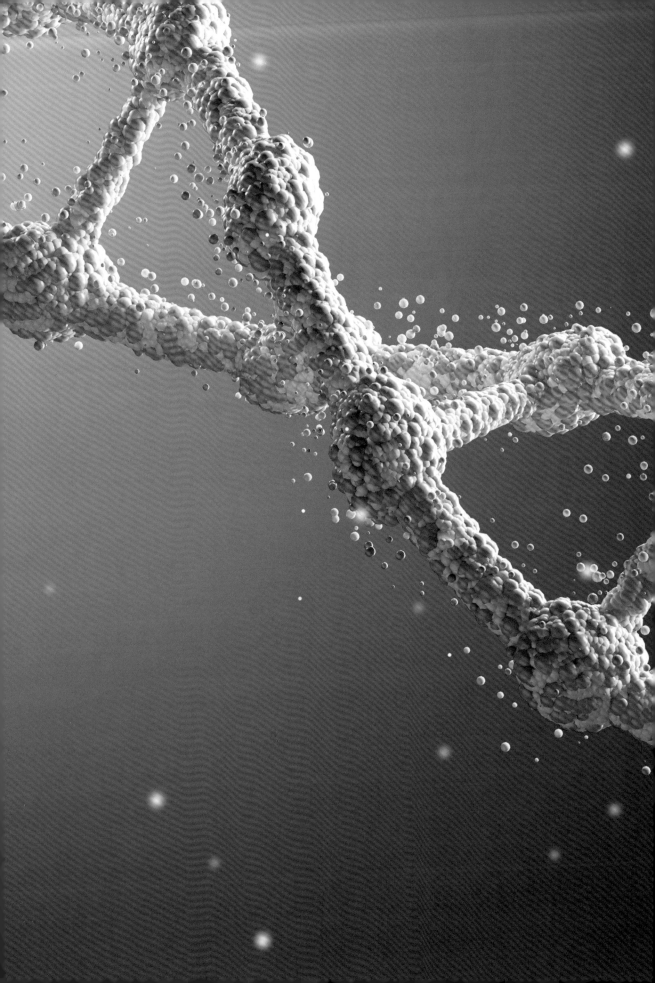

第六章
医学中的DNA

自从科学家在2001年完成绘制人类基因组图的任务以来，对我们的DNA在引起遗传疾病中的作用有了更好的了解。加上最近的技术进步，这意味着我们可以轻松访问基因组，并且我们的双手进行遗传健康的革命。

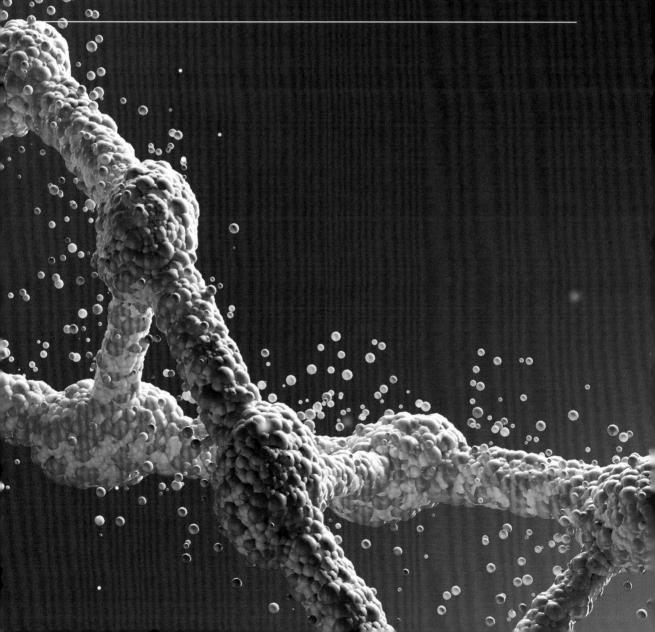

DNA与健康革命

我们必须重识孟德尔及其遗传原则以了解遗传风险，以及我们可以做些什么进行修改。

遗传模式表明遗传状况如何通过家庭传播。它们可以通过负责该性状的基因的位置来定义，换句话说，就是染色体或线粒体。如果性状通过染色体基因传递，则其遗传可能是常染色体的或显性的或隐性的，或性相关的。让我们从显性的开始吧。

常染色体显性

常染色体显性遗传（AD）状况是由一对基因的一个拷贝上的致病变异引起的。该变体在另一个称为"野生型（WT）"的副本中占主导地位。常染色体显性遗传模式的显著特征是，雄性和雌性可以受到相同可能性的影响，雄性可以一代又一代地传给其他雄性，与该性状相关的遗传变异以50%：50%的机会遗传，它可以在不止一代人中显现。

显性遗传条件也可以是从头开始的，这意味着这是一个突然发生的新事件，它不是从父母一方继承而来，也没有家族史。这也可以以50%：50%的机会传递。父亲变老后，新的显性变化更有可能发生，就像大龄怀孕母亲的婴儿出现染色体缺陷的机会增加一样。

▼ 基因检测技术的进步彻底改变了DNA在当今医学中的应用。

常染色体显性遗传

常染色体显性遗传的关键特征是它可以影响男性和女性，它以50%的概率世代相传，并且可能存在男性对男性的传播。

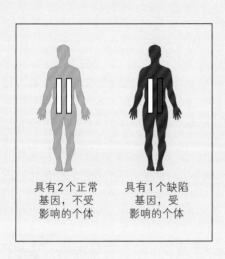

具有2个正常基因，不受影响的个体　　具有1个缺陷基因，受影响的个体

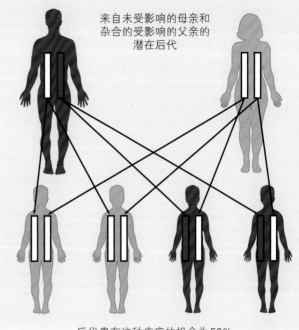

来自未受影响的母亲和杂合的受影响的父亲的潜在后代

后代患有这种疾病的机会为50%

1型神经纤维瘤病

1型神经纤维瘤病（NF1）是影响皮肤和神经系统的AD遗传病的一个例子，称为神经皮肤病。它是由基因中的全部致病变异体引起的，该变异体产生了一种称为神经纤维蛋白NF1的蛋白质，该蛋白质在人体的神经细胞中都可以找到。AD遗传综合征具有许多特征，NF1是典型的AD遗传病。鉴于疾病的情况，神经纤维周围鞘层上出现良性肿胀（肿瘤），取名为神经纤维瘤。它们看起来像块状的皮肤，也可能有多个色素沉着的区域（腋窝和腹股沟的雀斑），称为咖啡色斑点，因为它们类似于咖啡的飞溅。虹膜（眼睛的彩色部分）中可能会出现小结节，尽管它们不会引起视力问题，但这些结节会出现在NF1的诊断清单上。NF1的新发率较高，因此并非所有患NF1的人都具有家族史。

一些患有NF1综合征的人患有癫痫病和智力障碍，并且更有可能患上某些癌症，例如乳腺癌和视神经瘤（视神经是从眼后向大脑发送信息的主要神经）。因此，如果您患有NF1，则需要定期进行终身检查，以尽快发现任何并发症。

NF1的另一个有趣的遗传现象是种系镶嵌。这就是为什么NF1有时会在兄弟姐妹中复发的原因，即使父母双方都不受影响。在这种情况下，NF1并不是他们孩子产生的，并不是单个卵细胞或精子的NF1基因随机变化的结果。取而代之的是，导致NF1的变异体一直存在于产生卵细胞或精子的种系细胞中。这意味着它们可以再次遗传，从而使复发的可能性不为零，而更可能为5%~10%。有时NF1也会在其他组织（如皮肤）中显示出镶嵌现象，在该组织上、身体上可能有一条带有特征性的色素沉着标记带。这表明基因变化仅存在于体内某些部位。

关于NF1的遗传咨询可能会非常复杂，因为它对人的影响方式具有不可预测的可变性，并且由于可能会发挥不同作用，通常无法确定NF1是否确实发生在某人身上，或者是因为基因系的原因，只有再次发生时才真正变得明显。

常染色体隐性遗传

当两个亲本为携带者并且他们都将致病变异传给其后代时，性状或遗传状况在遗传中是常染色体隐性遗传（AR），然后后代获得双倍的有缺陷基因。每个父母都有50%：50%的可能性传递变体，这意味着每次怀孕时很可能有四分之一的概率其孩子出现AR条件。在典型的AR遗传模式中，只有一代人受到影响，男性和女性的可能性均等，甚至可能出现在血缘关系中，其中关系密切的夫妇，如表亲，一起拥有孩子（在某些种族中这种情况相对常见）。在这种情况下，父母双方都更有可能携带相同的破坏性遗传变异。

我们已经遇到这种情况，即来自某些种族背景的人更可能携带某些隐性遗传变异，例如高加索人的囊性纤维化（CF）和非洲人的镰状细胞病。隐性疾病的遗传筛查有时会参考您提供的种族背景。

囊性纤维化

囊性纤维化（CF）是一种AR遗传病，是一种严重的多系统疾病，由于其对肺和胰腺的影响，会影响呼吸和消化。患有CF的人的黏液黏稠，会阻塞肺部和胰腺中产生淀粉酶（一种食物消化酶）的部分。这会导致反复的胸部感染以及与儿童期营养和成长有关的问题。随着时间的流逝，肺部由于反复感染而结疤，这一过程称为纤维化。尽管我们可以治疗甚至预防胸部感染，并且可以在食物中添加人工消化酶，但CF一直在稳步发展，目前尚无法治愈。

每25个高加索人中就有1人是CF携带者（来自其他种族背景的人也可以携带CF，但这种携带率较低），并且这两种携带者的夫妇每次怀孕时都有四分之一的机会感染孩子。这使得发病率约为每2,500例婴儿中就有一个，因此它是最常见的遗传疾病之一，以至于作为新生儿筛查（脚跟刺）测试的一部分。该测试还寻找其他八种隐性疾病，包括先天性的新陈代谢病、镰状细胞疾病和甲状腺激素、甲状腺素缺乏症，如果及早发现，所有这些均可成功治疗。

已知许多不同的致病变体会导致CF，但CFTR（囊性纤维化跨膜电导调节因子）基因中更常见的一种叫做F508del，它导致CFTR蛋白中的508位的苯丙氨酸氨基酸缺失。这种蛋白质形成一个通道，跨过肺中呼吸细胞的细胞膜，将盐移入和移出。CF中的通道发生故障，

常染色体隐性遗传

常染色体隐性遗传的关键特征是父母双方通常都是健康的携带者，男性和女性都可能受到影响，并且往往在一代人中被发现。

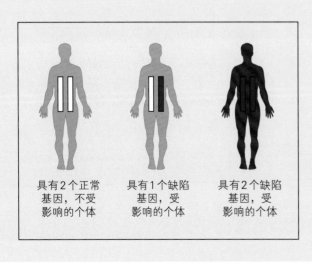

具有2个正常基因，不受影响的个体

具有1个缺陷基因，受影响的个体

具有2个缺陷基因，受影响的个体

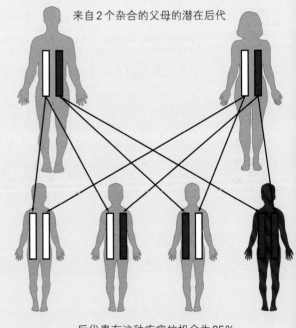

来自2个杂合的父母的潜在后代

后代患有这种疾病的机会为25%

囊性纤维化

囊性纤维化是一种常染色体隐性遗传疾病，表现为人体产生太厚和黏稠的黏液，这是因为CFTR基因的影响改变了盐含量。黏液阻塞了肺气道和胰脏通道，使它们无法正常工作并损坏周围的组织。

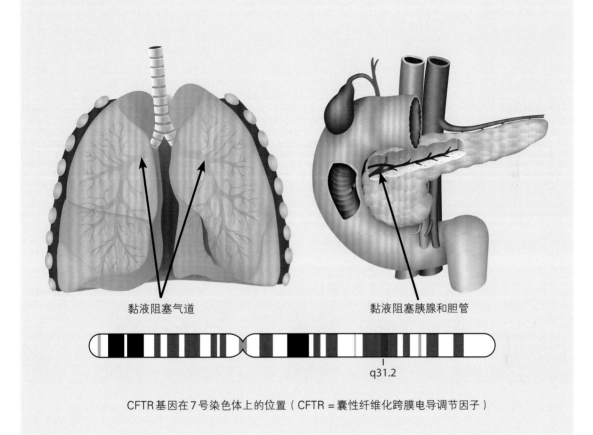

黏液阻塞气道　　　　　　　　　　黏液阻塞胰腺和胆管

q31.2

CFTR基因在7号染色体上的位置（CFTR＝囊性纤维化跨膜电导调节因子）

改变黏液中的盐含量，使其变得太黏稠。了解不同的破坏性的变体对CFTR的影响意味着，我们也许有一天能够使用基因疗法和基因修饰剂开发出新的疗法，这些疗法可能更有效地治疗这种相对常见的严重遗传病，甚至完全阻止它的发生。

X连锁遗传

当X染色体上一千个基因中大约有一个发生改变时，就会发生X连锁（XL）遗传。 女性有两个X染色体，而男性有一个X染色体（其他的性染色体为Y染色体）。除了性染色体的假常染色体区域（PAR）中的少数基因外，X和Y上有不同的基因。

血缘关系

如果你和与你来自同一家族的人拥有孩子，则你分享来自共同祖先的致病变异体的可能性会增加，例如祖父母。这称为血缘关系。

亲戚的亲近程度决定不同程度的血缘关系，亲戚在家族树中的距离越远，引起问题的可能性就越小。有亲属关系的夫妇会不可避免地生有遗传性疾病的孩子，但与无亲属关系的夫妇相比，这种可能性更大。

X连锁隐性遗传

与常染色体显性遗传相反，X连锁隐性遗传的主要特征是男性受到影响，女性通常是健康的携带者，并且不存在男性之间的传递。多代均会受到影响。

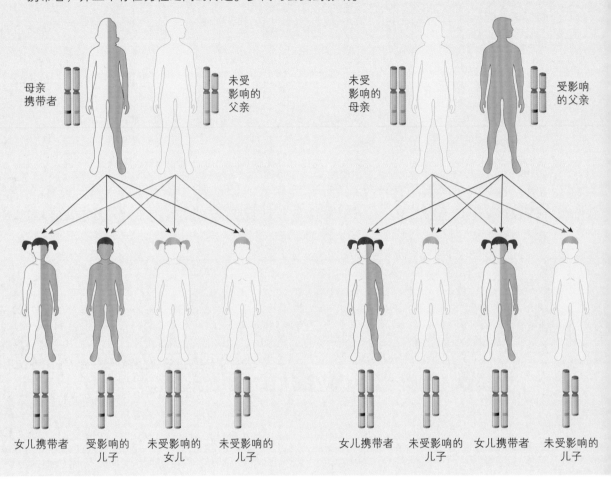

母亲携带者　未受影响的父亲　　未受影响的母亲　受影响的父亲

女儿携带者　受影响的儿子　未受影响的女儿　未受影响的儿子　　女儿携带者　未受影响的儿子　女儿携带者　未受影响的儿子

X连锁隐性遗传（XLR）

患有X连锁隐性（XLR）疾病的女性有一个有缺陷的X染色体基因拷贝，但由于第二个拷贝可以弥补这一缺陷，因此它们很健康。另外，男性则不会，这意味着错误的X染色体基因拷贝肯定会导致XLR病状。XLR遗传模式的典型特征是，男性可能会受到多代人的影响，但是一个男性永远不会将其传给另一种人——他们是男性，因为他们从父亲那里继承了Y染色体，而不是X，因此，一个受影响的男性和另一个受影响的男性之间的联系只能通过家庭中的女性成员实现（规则存在一些例外，女性不受XLR遗传条件的影响，即携带者的症状形式非常温和）。

X连锁显性遗传

X连锁优势基因（XLD）遗传会导致疾病，该疾病也影响女性，因为有缺陷的基因比其他良好的拷贝基因更有优势。但是，通常情况下，男性的情况更为严重。因此，受影响的男性胎儿可能无法幸存。该规则存在例外情况，有时男性和女性可能受到显著性遗传条件的同等影响，但是那并不限制生命的长度。例如，X连锁的低磷酸盐血症是基因病的一种遗传形式，它不是由缺乏维生素D引起的，而是由XL基因的缺陷引起的，这意味着人体无法吸收骨骼和骨骼所需的钙盐和磷酸盐。尽管是X连锁状态，但它会平等地影响男性和女性。

X灭活

在女性中"关闭"或灭活X染色体之一的过程，记住女性只需要一个拷贝，里昂化通常是随机的。一般关闭了女性细胞中来自父系的X，或者是来自母亲的副本。没有优先选择关闭某一个副本（相同的随机过程发生在雌性鱼中使它们具有独特的被毛颜色）。但是，在XL基因的遗传缺陷发生的情况下，该过程可能变为非随机的，也就是说，雌性会优先灭活X基因拷贝错误的染色体。这就是为什么女性不太可能显示与XL疾病相关的身体特征的另一个原因。

杜氏肌营养不良症

杜氏肌营养不良症（DMD）是一种进行性肌肉疾病，由于与X连锁，因此主要影响男性。该基因是人类已知的最大基因，被改变后可引起DMD，该基因负责制造名为肌营养不良蛋白的蛋白质。这是使骨骼肌和心肌强壮的蛋白质。没有它，肌肉就会弱得多，因此肌营养不良蛋白异常的DMD男孩比其他孩子学习走路的时间要晚得多，并且通常缺乏正常的体力。这是一种渐进性疾病，意味着随着男孩的年龄增长，肌肉逐渐变得虚弱，最终，通常在青少年时期，受影响的男孩将不再能够走路。

尽管科学家们正在进行大量研究，来寻找基因疗法和克服遗传缺陷的方法，但这是无法治愈的生命极限疾病。

作为DMD的携带者，对女性（通常身体健康）的影响要小得多。不过，有时候女人的骨骼或心肌可能会轻度虚弱。这是因为X灭活以非随机方式发生在她的细胞中，并且关闭的好副本比坏副本更多。

女性携带者每次生孩子时，都有50%的机会传递DMD变异。考虑到他们也有相同的机会生儿子，从统计学上讲，他们将有一半的儿子受到影响，而一半的女儿将成为携带者（受影响的男性的所有女儿都将是携带者，而他的儿子均不会受到影响，但实际上，鉴于DMD的严重程度，受影响的男性很少有孩子）。

DMD中自发产生的比例很高，但当出现在家族中时，成功使用产前检测和其他生殖技术具有变革意义。

Y连锁遗传

当父亲将Y染色体上的基因传递给儿子时，就会发生Y连锁（YL）遗传，因此只能发生男对男的传播。实际上，我们几乎从未见过YL遗传，因为Y染色体上的基因负责男性的性发育，而当这些基因有缺陷时，不孕是普遍症状，从而导致无法传递。

▼ 在显微镜下观察，患有杜氏肌营养不良症的男孩的肌肉看起来异常。在细胞废掉之前发生膨胀。

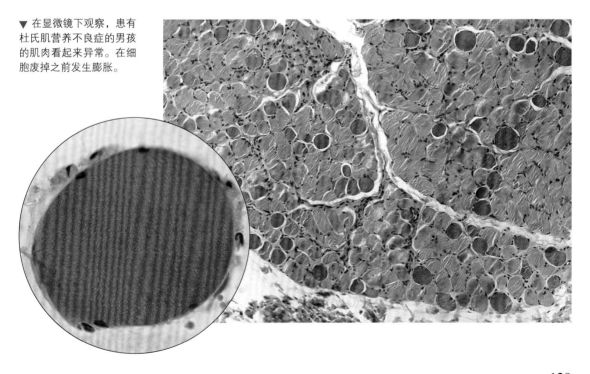

皇室，拉斯普京和罗曼诺夫

A型血友病是血液凝固系统紊乱的一种疾病，这种系统旨在止血。人体响应破裂的血管而产生许多蛋白质的级联产物。凝血级联反应的重要组成部分称为Ⅷ因子，它是由X连锁基因F8产生的蛋白质。女性有两个F8副本，男性只有一个。因此，F8中的致病变异会导致男性严重缺乏这种关键的凝血因子，这被称为血友病，这是一种凝血障碍，即使在轻度伤害后，也会出现灾难性出血的趋势。它带来了健康并发症的巨大风险，如关节炎，引起关节出血甚至内部出血死亡。如今，通过定期静脉输液和基因疗法直接替代Ⅷ因子来治疗A型血友病。

不过，早在1900年代，俄罗斯没有治疗选项，除了特拉维奇·亚历克西斯·尼古拉维奇（Tsarevich Alexis Nikolaivich），由自称圣洁的人格雷戈里·拉斯普京（Gregorii Rasputin）对其实施催眠"治疗"。亚历克西斯是罗曼诺夫皇室成员，是俄罗斯沙皇尼古拉二世的儿子。他的母亲沙皇亚历山大（Alix）是维多利亚女王的孙女，是她女儿爱丽丝公主的第六胎。爱丽丝（Alice）的儿子弗雷德里克（Frederick）患有A型血友病，就像维多利亚女王的儿子利奥波德（Leopold）在王室中描绘的X连锁遗传模

式的情况一样。所有这些都意味着亚历山大有50%的机会成为A型血友病的携带者。在生下亚历克西斯之前，她有三个女儿，但是当她有了第一个儿子时，她很快就知道他有家族凝血问题，因为他的脐带残端不停地出血。

在发现Ⅷ因子很久之前，并且在替代疗法被开发数十年之前，拉斯普京提供了"治疗"亚历克西斯的状况，是利用催眠使他摆脱严重的血友病危机。拉斯普京的去世是具有传奇性的，他被毒死，枪杀和溺水。亚历克西斯也是。1918年，他与罗曼诺夫（Romanov）家人一起被处决，在俄国大革命期间，他们的尸体被扔下了一个矿井，之后被取回烧毁。

被处死的皇室家族的遗体在1979年被收集，并使用DNA指纹和线粒体DNA分析进行了遗传鉴定，用于比较参考的样品之一是爱丁堡公爵菲利普亲王（他是亚历克西斯的母亲亚历山大的大侄子）。[在一个相关的故事情节中，DNA技术再次用于解决谜团。亚历克西斯的妹妹阿纳斯塔西娅（Anastasia）在发现家人遗体的地方失踪，似乎以波兰囚犯安娜·安德森（Anna Anderson）的身份出现，该囚犯在1920年代的柏林精神病院接受治疗。1984年去世后，DNA指纹图谱显示她并不是阿那斯塔西娅（Anastasia）]。

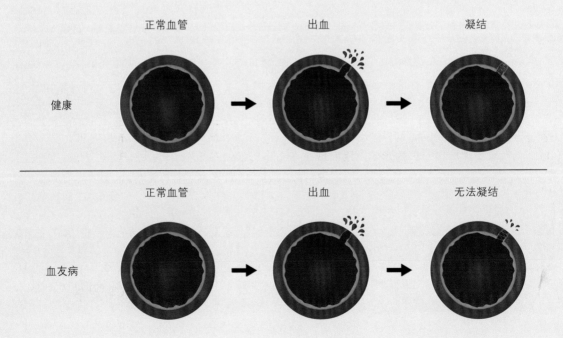

▶表亲尼古拉斯（左）和乔治（右），后来分别成为俄罗斯的沙皇和英格兰的国王，有着明显的家族相似之处，但幸运的是，对于温莎家族，乔治逃过了缺陷F8基因的遗传。

　　A型血友病通过维多利亚女王的不同血统分支在这个家族中持续存在。她最小的女儿比阿特丽斯（Beatrice）有两个儿子受到A型血友病的影响，她的女儿维多利亚·尤金妮（Victoria Eugenie）也是携带者。比阿特丽斯在1906年与西班牙的阿方索十三世（Alphonso XIII）结婚后，有了四个儿子，其中两个患有A型血友病并且都死了。她的第四个儿子胡安（Juan）没有受家族性疾病的影响，因此成为西班牙国王，进而该病没有通过西班牙王室成员进一步传染。

　　这个家族史对当前的英国王室意味着什么？它会重新出现吗？它是"跳过几代人"吗？实际上，根本不会有任何后果。在简短的遗传咨询概述中，以下是他们与一定为携带者的祖先的联系方式：

　　伊丽莎白二世皇后与丈夫菲利普亲王（Prince Phillip）是远亲关系，她的曾祖父爱德华七世和菲利普亲王的曾祖母爱丽丝（其母亲是皇亚历山大）是兄弟姐妹关系，是维多利亚女王的两个孩子。维多利亚女王一定是一名携带者，因为她有一个受影响的儿子利奥波德，以及自己的女儿也有受影响的儿子。为了将维多利亚女王与伊丽莎白二世女王联系起来，我们梳理了后代中的三个男性情况：维多利亚的儿子爱德华七世；爱德华七世的儿子乔治五世；还有乔治五世的儿子乔治六世——伊丽莎白女王的父亲。由于乔治六世没有受到影响，这种X连锁的疾病则一定通过雌性系遗传的，因此伊丽莎白女王不可能遗传引起A型血友病的遗传变异。爱丁堡公爵是三名女性亲戚的后代，可以追溯到其亲戚与维多利亚女王的血统关系。但是他本人没有血友病，这意味着有缺陷的F8基因并未沿着雌性系传给他。无论是哪种方式，这种状况都将从英国王室中消失。

线粒体遗传

当线粒体无法正常运行时，就会发生线粒体疾病。由于线粒体是细胞的动力源，因此能量需求最高的组织（如大脑，肝脏和肌肉）受到的影响最大。线粒体疾病的发生可能是由以下两个原因之一引起的：核DNA或线粒体（mtDNA）内的DNA存在遗传缺陷。

为了有效发挥功能，线粒体依赖位于核DNA中的基因产生蛋白质。有时，引起线粒体疾病的原因是机体无法正常产生其中一种蛋白质，这种情况通常是常染色体隐性遗传。当父母双方都是携带者时，他们有四分之一（25%）的机会同时遗传基因变体并生下一个患有线粒体疾病的孩子。

当线粒体疾病是mtDNA致病性变异的结果时，情况就变得更加复杂。mtDNA的变异可以涉及整个核苷酸碱基的缺失或重复，也可以仅涉及一个碱基。删除和重复通常是从头开始的，是mtDNA的一种新变化，而不是遗传性的，患病孩子的兄弟姐妹中再次发生这种情况的机会非常低。

单个碱基的变化可以是从头进行的，也可以是遗传的，具体取决于母亲是否受到影响。由于我们所有的线粒体几乎都来自卵细胞，如果母亲不受线粒体疾病的影响，则其复发的可能性要低得多，但这并非不可能，在实践中，这种机会是二十四分之一。如果母亲受到影响，复发率可能高达100%。

线粒体遗传的关键特征是通过雌性系传播，因为线粒体几乎完全是通过母亲的卵细胞遗传的（只有极少数是父亲的精子）。与XL遗传不同，雄性不能传递mtDNA变体，因为它会随着他们而不会遗传，并且两性都会受到相同的影响。线粒体遗传会影响许多世代，这与AR遗传不同，后者不影响任何后代。

异质性

由于一个细胞包含数千个线粒体，因此可能出现某些线粒体中的mtDNA具有致病性变异，而其他细胞则没有。一组细胞中的mtDNA也可能包含另一组中不存在的致病变体，因此致病性mtDNA与正常mtDNA的水平可能因组织而异。存在不同的mtDNA种类称为异质性。

线粒体

线粒体是细胞的动力源。在细胞质中有成千上万个这样的细胞器，在诸如大脑等具有更高能量需求的器官和组织中则更多。

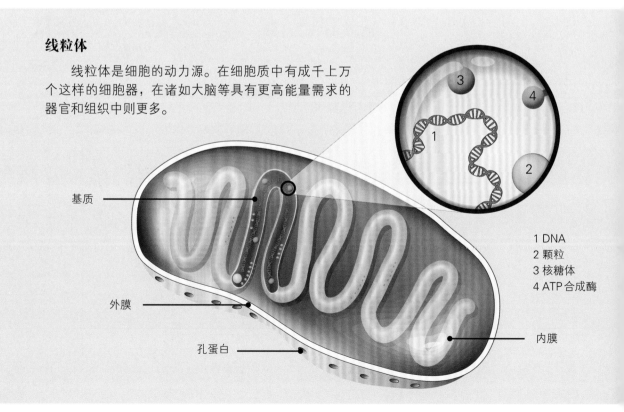

基质
外膜
孔蛋白
内膜

1 DNA
2 颗粒
3 核糖体
4 ATP合成酶

异质性水平主要从两个方面影响线粒体疾病：复发的可能性和变异性，既影响线粒体疾病的严重性又影响它的表现方式。在一定的异质性阈值水平，约60%~80%，能平衡线粒体功能，超过阈值线粒体疾病将会得到发展。这种状况的本质反映了组织中的异质性水平已经达到阈值水平。由于异质性现象也适用于卵细胞，因此即使一个卵细胞中的mtDNA来自同一位女性，其正常与异常mtDNA的比率也可能与另一个卵细胞中的比率不同。这意味着母亲可以生下既患有线粒体疾病，又具有不同表征和严重程度的孩子。同样，如果她的一个卵细胞中的异常mtDNA水平很低，那么孩子将不会有线粒体疾病。而另一个卵细胞中的水平可能很高，则对孩子的影响更大。确定比率非常困难，因此预测哪个组织将受到影响以及影响到何种程度也非常困难，这使得遗传咨询非常具有挑战性。

线粒体疾病

由于无法预测异质性水平，从新生儿到生命的晚期，线粒体功能的异常可能随时随地变化。线粒体疾病之所以如此严重，是因为当线粒体无法有效发挥功能时，首先受到影响的组织是最依赖于高能量产出的组织，即脑、骨骼肌、心脏肌肉和肝脏。在非常幼小的孩子中，线粒体疾病可能导致失明、发育延迟、肌肉无力和呼吸困难。

随后，不同的问题占据主导地位，部分原因是异质性改变了涉及的组织和程度，还因为mtDNA的致病性变异不同（不同的变异导致不同的疾病）。某些病原体变异会反复发生，例如单碱基的改变或整个DNA片段的缺失和重复（实际上，就像我们在核基因组中所看到的），从而导致不同的医学状况。怀疑由线粒体疾病引起新生儿时期的特征性健康问题是视听障碍、运动失调和协调障碍（共济失调，身材矮小和糖尿病（1型和2型）），它们可能发生在今后的生活中。在光谱的最末端，线粒体疾病是毁灭性的并且无法治愈。受感染的孩子的母亲的卵细胞中经常存在超负荷的异常mtDNA，以至于每次生孩子时都会发生这种情况。现在，我们可以使用生殖技术来规避卵细胞中有缺陷的mtDNA，从而希望在这种情况下能让一个健康的孩子摆脱严重的线粒体疾病。

异质性（蓝框）

线粒体DNA与核DNA一样显示出遗传变异。致病性变异会导致严重的线粒体疾病。因为细胞中有成千上万的线粒体，其中包括卵细胞，只有少数细胞可能具有这种变体，这称为异质性。

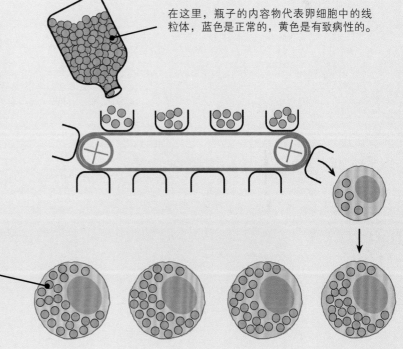

在这里，瓶子的内容物代表卵细胞中的线粒体，蓝色是正常的，黄色是有致病性的。

每次生产卵细胞时，蓝色与黄色的比率都不同，因此难以预测mtDNA疾病的严重程度和复发机会。

隔代遗传

它会一直存在，以DNA的方式书写。为什么会出现明显的暂时性消失这种情况，对此有不同的解释。

外显率降低与变量表达式

当某人具有引起某种疾病的遗传变异，但实际上没有出现这种疾病时，外显率就会降低。换句话说，拥有变体并不能100%地确保一个人会出现症状。这种情况发生在某些成人疾病中，例如对某些癌症（乳腺癌，卵巢癌和前列腺癌）的易感性。同样，变量表达式可

▼ 阿尔茨海默氏病的特征是神经细胞上形成异常斑块，是一种迟发性疾病，某些人可能对此具有遗传易感性。

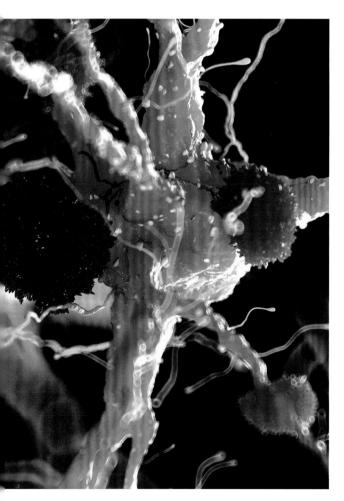

能已经开始发挥作用。在这里，遗传变化可以以不同的身体特征体现，与另一个亲人相比，其遗传变异的作用效果特别温和，因此根本看不到它的效果，换句话说，它似乎跳过了一代。

这可能发生在脆性骨疾病、成骨不全症中：一个人一生中可能一次又一次地骨折，而一个亲人可能在生命中的某个特定时刻听力有问题。两者的DNA都有相同的变化，但变化方式不同。

隐藏在母系中

X连锁遗传，即通过X染色体上的基因进行传播，这有可能解释明显的世代跳跃现象。在这里，一个女性与一个受影响的男性及另一个男性属于亲人关系，例如她的父亲和她的儿子，但是她似乎没有出现症状。实际上，她是"专职携带者"，她遗传了病原体，但自身不一定表达病症。

烙印掩盖

发生"跳过"现象的另一个更不寻常的原因是基因印迹中的"起源父母"效应，涉及数百个基因，我们需要父母双方共同贡献基因拷贝。例如，只有在父亲的基因拷贝缺失的情况下，遗传症状才会显现出来，然后只能在他的女儿而不是儿子身上显现出来。不过，他没有受影响的儿子可能继续生患有这种疾病的女儿，因为儿子没有从他那里继承关键的基因烙印。它似乎跳过了一代人，但潜在的遗传问题一直存在。

隐性轮盘

当真正的遗传变异仍在起作用时，常染色体隐性遗传状况似乎可以跳过几代人。在现实中，只有在近亲或有大量近亲繁殖或血缘关系的普通人群或家庭中，这种情况才会发生。对此，一代人可能患有隐性疾病，例如囊性纤维化或先天性代谢病。他们所有的孩子都是携带者，这样就可以将其传给下一代，而错过了中间一代，但前提是他们的伴侣也是携带者。

易患迟发性疾病

有些遗传病症是从出生或儿时开始的，而另一些则只会在成年后才显现出来。这些是所谓的迟发性疾病。一般而言，这些遗传易感性疾病本质上是神经性的或引起某些类型的癌症。迟发性神经系统疾病通常无法治愈，随着时间的推移会逐渐恶化，并且可能会危及生命。

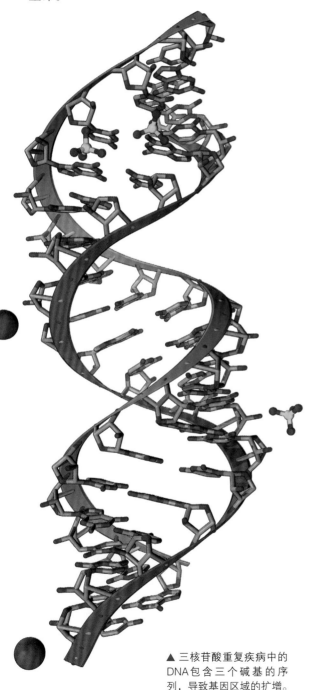

▲ 三核苷酸重复疾病中的DNA包含三个碱基的序列，导致基因区域的扩增。

亨廷顿氏病

一个属于严重，迟发性和无法治愈的遗传疾病例子是亨廷顿氏症（HD）。这是一种破坏性神经系统疾病，平均发病年龄为40岁，这时人们通常已经有了孩子。它引起三个主要问题：不自主运动，记忆力减退和心理健康问题（例如精神分裂症等人格障碍）。它是渐进的，在大约10年的时间里逐渐恶化。它限制生命，目前无法治愈。由于已经知道引起AD病状的特定缺陷基因，因此可以对患病风险为50%:50%的没有受到影响的亲人进行预测性基因检测。

三核苷酸重复与遗传早现

一种非常特殊的遗传变异，称为三核苷酸重复，由三个核苷酸碱基（CAG）重复多次导致HD。这三个碱基构成了氨基酸谷氨酰胺的遗传密码指令（密码子）。导致HD的三核苷酸重复出现在HTT基因中，该基因产生亨廷顿蛋白。我们仍然不完全了解亨廷顿蛋白在大脑中的作用，但是当向其中添加谷氨酰胺时，谷氨酰胺的功能发生了显著变化，足以引起HD。

HD的基因测试可计算重复次数。每个人的重复次数很少，通常低于36。但是，当重复次数达到40时，HD有望发展（当无法确定预测值时，在36至39次重复之间存在"灰色区域"，因此很难确定是否以及何时发生HD）。重复次数与年龄之间没有确切的联系，但是一般而言，发病率越高，发病越早。实际上，童年时期发病时的重复次数在120附近。

重复的次数在我们所有人中都不同，这是因为基因组在某些区域可能不稳定，正如我们已经在DNA分析中所考虑的那样。在HD中，一种特殊的基因组不稳定性称为遗传预期，其中重复的数目从一代到下一代倾向于增加，特别是由父亲传递的时候。

预测性遗传咨询测试

大多数遗传病症是迟发性和严重性且无法治愈，这意味着医学界鼓励那些正在考虑进行预测性测试的人，也提供一种特殊的遗传咨询，为他们做好准备。

遗传咨询提出以下问题：如果您得知坏消息，您会告诉谁？它对您的工作有何影响？获得人寿保险的前景如何？同样，好消息可能会令人不安，例如，如果您以错误的假设建立自己的生活，在某个时候出现危及生命的遗传病症（做出的决定似乎是无聊的或不值得的，现在没有理由相信您的生命将会缩短）；或者如果您收到好消息但亲人的消息不好（所谓的"幸存者内疚"）。

预测性测试

测试的第一步是确定家族中存在引起疾病的确切致病变体，这意味着要对家族中已经患有这种疾病的人进行测试。只有这样，正确的人才能通过正确的测试尽可能肯定地回答他或她是否会在以后的生活中患病。

每个想要参加测试的人都有权参加测试。但是，重要的是我们也要尊重那些不想知道的人的权利。有时测试一个家庭成员意味着无意中测试了另一个。以一个男性为例，他想知道他是否会发展成HD，知道他的祖父有这种情况，却又不知道他的母亲和他是否已经遗传了HD。如果他进行了测试并且发现了坏消息，那么他的母亲也不可避免地也有这种状况，她可能不想知道。因此，在进行任何形式的预测测试之前，家庭成员之间必须互相交谈，并建立他们想知道的参数内容，这一点很重要。

▼我们要与亲人分享我们的基因，在基因测试中记住这一点很重要。

伍迪·格思里

美国偶像创作歌手伍德罗·威尔逊（Woodrow Wilson）"伍迪"·格思里（Woody Guthrie）（1912—1967）饱受家庭悲剧的困扰。尽管这些悲剧似乎是偶然的，但回想起来，亨廷顿氏病（HD）可能存在于他的家族中。伍迪在自传《为荣耀而奋斗》（Bound For Glory）中描述了他的母亲娜拉（Nora）是如何无法控制情绪波动的，扭曲她的脸部和身体，我们现在知道这些是HD的典型特征。伍迪14岁时母亲因"痴呆和肌肉变性"而住院。两年后她去世时，没人知道她患有遗传病，这种遗传病可以遗传给伍迪和他的兄弟姐妹。实际上，伍迪说服自己不会患这种遗传病，因为他错误地认为这不可能"可以传递"，从母亲遗传到儿子。

伍迪经历了很多。他结婚了三次，育有八个孩子。他开始表现出病情迹象，起初他感到困惑，但最终病情变得很明显，他也患有母亲的"头昏眼花病"。伍迪死于HD，享年54岁。他的两个女儿也死于这种疾病，均享年41岁。

▲ 伍德罗·威尔逊·伍迪1949年12月在HD的迹象消失之前。

伍迪的前妻马乔里（Marjorie）在伍迪死后，成立了美国亨廷顿氏病学会。如今，它为患有HD的人们及其家人提供了支持，提高了对疾病的认识并为治疗提供了资金。

▶ 预测性基因测试会在DNA产生任何身体影响之前寻找其内在致病变异。

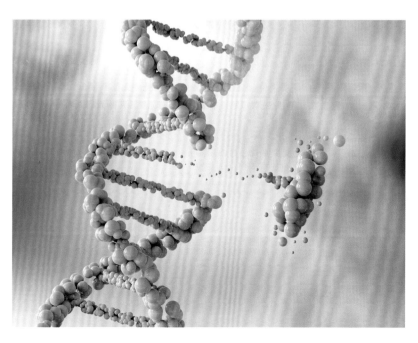

罕见疾病和常见的复杂疾病

哮喘、过敏、糖尿病、心脏病和偏头痛等都是复杂疾病的例子，这意味着人体需要暴露于环境因素产生这种疾病。

在这种情况下，不是一个单一的基因发生了决定性的变化，而是存在多个更微妙的变体，每个变体（单独）对病因的影响很小，甚至可以忽略不计，但与其他小的影响相结合能触发疾病。可能要寻找成千上万的易感性标记，这使基因检测在逻辑上非常困难，甚至徒劳无功，考虑家族史并估计患此病的机会通常会提供更多信息。

自闭症的遗传学

自闭症的患病率呈上升趋势。世界范围内的数字表明，在20世纪80年代，这一数字仅为1∶2,000。在2014年，这一比例更接近六十八分之一（英国的患病率是一百分之一）。那么自闭症是否变得越来越普遍，DNA是否可以帮助我们理解引起自闭症的原因？

自闭症实际上是一系列问题综合征谱，会影响学习、行为和社交交流。对不同人的影响方式差别很大。最严重的时候从幼儿期就可以明显看出来，但通常要到2到4岁之间才能被正式诊断出来，这时幼儿会发展出更高级的沟通技巧。反复的行为特征，例如摇摆，拍打和以一种特殊不寻常的方式玩玩具，以及差的眼神交流和常规性僵化，是自闭症谱系的其他特征。它并不总是会对发展、认知和智力产生不利影响，但是一旦发生，它就会产生深远的影响。"在谱上"的其他人甚至可能具有较高的智力，通常被标记为患有阿斯伯格综合症。

多因素条件

自闭症是多因素疾病的一个例子，它是遗传和环境原因的结合。在一些家族中，明显不止一个人具有典型特征，那么它们存在很强的遗传易感性。男孩的发病率是女孩的五倍，而X染色体上的几个基因和易感性区域有助于解释这一现象。通常，如果一个家族中的一个孩子患有自闭症，另一个孩子也患有自闭症的机会是3%~5%，而有10%的可能性是出现更多的"类光谱"问题。但是它变得越来越普遍了吗？今天触发疾病的环境因素是否比以前更多？

当然，自闭症现今得到了更好的认识，并且极端现象似乎越来越少，以至于有更多的儿童甚至是成年人被诊断出患有自闭症。但是，环境因素与患病率的上升没有明显的联系。从科学上讲，任何关于与MMR（麻疹，腮腺炎和风疹）疫苗有关的声称都是毫无根据的（并且具有破坏性，因为严重的麻疹患病率在儿童中呈上升趋势）。

一些单个基因中的致病变异与自闭症有关，但很少见。超过1,000个基因中的标记被认为与自闭症有关联，大多数的影响很小，但是共同的影响会增加易感性。许多基因都在大脑发育中起作用，因此当我们寻找自闭症谱系障碍的遗传学解释时，它们似乎是潜在的候选基因。但是，实际上，这种观察很可能是由于对病情的认识和诊断提高了。

基因检测与法律

执业医师最重要的原则之一就是始终保持机密性。医生与患者之间的信任是和谐的基础。但是，在可以合法打破保密性的情况下，可能需要在尊重患者的保密权与保护他们的义务之间取得平衡。

究其原因的本质，许多遗传病症对整个家庭，而不仅仅是一个人，都会产生深远的影响。一旦基因测试的结果表明患者的近亲患严重的迟发性疾病的风险也很高，医生有责任照料谁，他们能否破坏患者的信任来告知他们的家人或者他们无论如何必须都要保密？

对迟发性遗传病的预测测试需要进行支持性的遗传咨询，同时还要考虑对家庭成员的潜在影响。医生会尽量减少"伤害"他人的可能性，例如，避免出现一个人进行基因检测而无意间透露另一个人的医疗状况的情况。

在一些案例中，一个家庭对医生的立场提出了质疑，即医生仅对患者负有最终的护理责任，但这种情况很少发生。亲属们根据遗传病的假设做出了重大的人生决定，或者采取预防措施来预防疾病的发作，这些亲属为以前出现的法律诉讼案奠定了基础。

当涉及严重的犯罪，严重的传染性疾病或患者对自己或他人构成严重风险时，法律规定

医生有责任违反保密义务。但是，如果另一位家庭成员有遗传病的风险，其亲人在收到结果后拒绝透露给他们，那么医疗保健专业人员的法律期望就没有那么明确。基因检测在这方面呈现出特殊的状况。

遗传学与保险

2019年，英国保险业者协会（ABI）制定了《基因检测和保险法典》，打算每三年进行审查，以确保法典与医学和道德发展保持同步。该法规规定，当人寿保险的总金额低500,000英镑时，保险公司不得向任何客户施加压力，要求他们进行基因检测、预测或诊断。他们不得要求或考虑预测性的基因检测结果，并且一定不能考虑作为科学研究而进行的预测性测试的结果。对于超过500,000英镑的申请，以前接受过基因测试且亨廷顿氏病呈阳性的人必须要披露结果，并且在该保险水平上，本守则不涵盖这些内容。

癌症的遗传易感性

当细胞异常生长并失控时，就会引发癌症。细胞生长受大量遗传信号的控制，这取决于它们在体内的类型和位置。从受精卵开始受精、细胞生长、分裂、死亡并被替换。新老替换是恒定的，新的细胞从旧的细胞中生长出来。每次发生这种情况时，细胞都必须完美地复制整个基因组，如果它不尽如人意，那么DNA中就会出现错误。遗传密码中的这些错误会破坏它们产生的蛋白质，从而破坏控制细胞正常生长的过程并导致癌症。

我们的遗传密码中内置检查点，以确保细胞每次再生时都能忠实地复制整套DNA。这些检查点可以检测并纠正任何错误。实际上，我们有特殊的蛋白质用于修复受环境因素破坏的DNA，这些环境因素包括紫外线和烟（暴露后分别引起皮肤癌和肺癌）。但是有时，这些质量控制流程会出错，或者无法有效应对环境破坏。

当发生不可挽回的损害时，有两组基因直接与癌症的形成相关。第一组由抑制基因组成，它们提供保护。第二组是由致癌基因组成，它们驱动细胞生长。

肿瘤抑制基因

这些基因调节生长，防止细胞复制失控。BRCA1（乳腺癌1基因）是抑癌基因的一个例子。每个人（男性和女性）都有两个副本，分别来自父亲和母亲。BRCA1蛋白的作用是修复受损的DNA。如果BRCA1中存在致病性变体，则无法进行修复，这意味着无法检查和纠正损坏，并且细胞可能生长失控。当BRCA1发生改变时，特别容易患癌的组织是女性的乳房和卵巢组织，以及男性的前列腺（尽管这种情况不多见）。

癌基因

原癌基因是负责控制正常细胞生长和分裂的一组基因。如果原癌基因发生变化，则对细

环境破坏

暴露于能破坏DNA的环境元素中，会增加患癌的风险。我们的细胞具有内置的安全系统，可以保护DNA并修复DNA序列的任何改变。但是这种过程可以被克制，特别是反复接触香烟烟雾等破坏性物质之后。

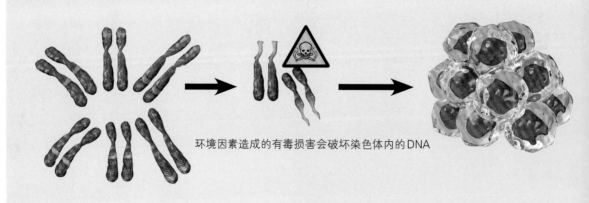

环境因素造成的有毒损害会破坏染色体内的DNA

胞的作用也会发生变化，它将不再有效地控制细胞的生长。新形成的癌基因驱动细胞不受控制地分裂，从而导致癌症。例如，RET是一种原癌基因，它产生一种蛋白质，负责控制人体神经细胞正常生长所需的信号。特别的是，它会影响肠道中特定神经细胞的生长。这些特别的细胞组成肠神经系统和自主神经系统。当病原性变化改变RET使其成为具有癌形成潜能的癌基因时，就会导致一组多发性内分泌肿瘤的疾病。这组疾病包括影响腺体的罕见癌症，例如甲状腺和肾上腺。

遗传癌症基因

基因中有问题的遗传变化很少见。据统计，一生中有二分之一的人会患癌症，这主要是暴露于有害环境因素而导致的，例如，烟草烟雾和不健康饮食，而不是基因改变所致。但是，家庭病史中有一些明显的迹象，可能暗示了癌症的遗传易感性。

如果您的家族中患癌症的人比您预期的多；如果某些癌症似乎在家族中聚集在一起（例如，乳腺癌和卵巢癌）；如果家庭成员患癌症的年龄比平常的年轻得多（例如，低于

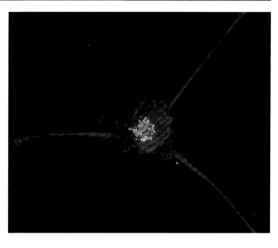

▲ 如果旨在保护我们免受癌症改变的基因被改变，细胞可能会失控生长。

40岁）；就乳腺癌而言，如果您家中某人的双乳都患有癌症，并且如果乳腺癌或卵巢癌已经影响到与您非常亲密的家庭成员（例如，您的母亲或姐姐），那么您的遗传易感性可能会更高。可以根据您的家族病史来评估个人癌症风险，这可以帮助您决定您和您的亲人是否应该接受检查。

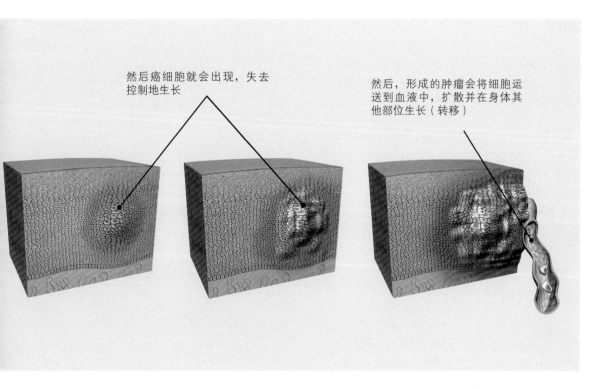

然后癌细胞就会出现，失去控制地生长

然后，形成的肿瘤会将细胞运送到血液中，扩散并在身体其他部位生长（转移）

BRCA1

大多数癌症易感综合症，例如与BRCA1相关的综合症，都是以常染色体显性遗传的方式遗传的，其遗传几率是50%：50%。但是，并非所有具有破坏性变化的人都会患乳腺癌和卵巢癌，尽管与普通人群中的女性相比，患癌的机会要高得多。

通过关注直到80岁的女性的健康状况，据估计，具有BRCA1致病性变异的女性中有72%会患乳腺癌，与此年龄相比，普通人群中这一比例为12%（八分之一的女性）。如果您在BRCA1中具有致病性变异，则患卵巢癌的风险为44%，而普通人群为1.3%。如果一个人携带BRCA1的致病性变异，则她患乳腺癌的风险为1%。

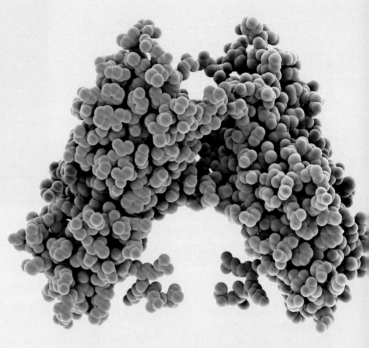

▲ ATRIP肽（粉红色）与人乳腺癌和卵巢癌敏感性蛋白BRCA1（绿色，蓝色）复合物的计算机模型。

肿瘤标记

活检样本中的一组肿瘤标志物为癌症存在潜在的遗传易感性提供了一个证据。例如，诊断乳腺癌的重要步骤是寻找孕激素和雌激素受体，以及人类表皮生长因子受体2（HER2），这是规划癌症治疗的关键信息。HER2是一种控制乳腺细胞正常生长的蛋白质。如果人体产生过多这种蛋白质，细胞就会失控生长，从而导致乳腺癌的发展。像赫赛汀这样的药物会阻断受体。激素受体阻滞剂也有效，但前提是肿瘤是受体阳性的。如果它们是三阴性的，并且这些受体均不存在于肿瘤细胞上，那么这些药物都将无效。当对乳腺癌有遗传易感性时，例如与BRCA1中的致病性变异有关，三阴性肿瘤更为常见。

预测癌症

当家庭病史的本质引起人们对癌症遗传易感性的怀疑时，对患有癌症的人进行测试可以确定易感性的原因。我们可以测试一组基因，例如BRCA1和相关基因（BRCA2和PALB2），具体取决于发生的癌症类型。

其他易感基因与某些类型的肠癌和子宫癌（林奇综合征），男性的前列腺癌以及女性的乳腺癌和卵巢癌（BRCA2）相关，还有一些非常罕见的癌症综合征，例如希佩尔-林道综合征（VHL）和李佛美尼综合征（TP53），其中可能会发生许多极为罕见的癌症类型。发生在家族中的异常癌症可能会让人们怀疑这是由罕见遗传缺陷造成的。

改变癌症易感性的风险

一旦我们确定一个人由于遗传效应而使患癌症的风险增加，我们就可以采取措施降低患癌症的风险。例如，如果女性对乳腺癌有遗传易感性，她将要定期检查自己的乳房。此外，她可以比一般民众更早开始乳房筛查（乳房X线片和MRI扫描通常在40岁左右而不是50岁开始）。有时，顾问会建议手术切除乳房和卵巢以及输卵管，这可以显著降低女性患乳腺癌和卵巢癌的遗传风险。

安吉丽娜·朱莉效应

2013年，好莱坞演员兼人道主义者安吉丽娜·朱莉（Angelina Jolie）在《纽约时报》上写道，她决定接受双乳切除术手术。朱莉（Jolie）现年37岁，她选择进行DNA检测来寻找导致其母亲和姨妈患上乳腺癌和卵巢癌的BRCA1基因变异。她的母亲已经去世，享年56岁。她得知自己遗传了具有破坏性的BRCA1变异体，因此罹患这两种癌症的风险大大增加。因此，朱莉（Jolie）选择接受降低风险的治疗，因为她觉得赌注实在太大而放弃了追求不患癌症的机会。

对她的基因测试以及随之而来的选择降低风险的手术进行宣传，引发了"安吉丽娜·朱莉效应"（Angelina Jolie effect），导致通过乳腺癌易感性基因测试寻求医疗建议的妇女人数激增。但是，扩大了对降低风险的类似手术的需求，这种手术有时需要切除卵巢和输卵管。

▼ 笔记本电脑屏幕显示家族DNA测试（23andMe）的结果。由于其广泛的医学意义，BRCA基因检测需要专家的遗传咨询支持。

遗传与生殖医学

越来越多的生殖技术和不同的DNA测试使筛查未出生婴儿的遗传疾病成为可能性且变得越来越容易。怀孕期间什么时候可以进行这些检查取决于医生所寻找的病症。

产前诊断

产前诊断是一种在怀孕期间发现婴儿是否患有遗传疾病的方法。通常，当病史或常规检查表明婴儿极有可能发展为某种疾病时，医生会进行产前诊断。医生将采集婴儿的DNA样本并进行基因测试，例如染色体或单个基因分析。

绒毛膜绒毛取样（CVS），羊膜穿刺术，胎儿血液取样（FBS）和收集游离胎儿DNA（在母亲血流中循环的ffDNA）都是医生获取未出生婴儿DNA的方法。前三个涉及侵入性程序，使用超声波将长针引导到母亲的子宫中。但是，对ffDNA进行采样是非侵入性的，只是从母亲那里采集血液样本。这被称为非侵入性产前检查（NIPT）。

产前诊断

产前诊断需要对胎儿的DNA进行基因检测。它可以在怀孕期间从不同来源获得。像羊膜穿刺术这样的侵入性检查需要将针头插入子宫。必须小心地放置它以取出一些羊水。这是在超声扫描指导下完成的。

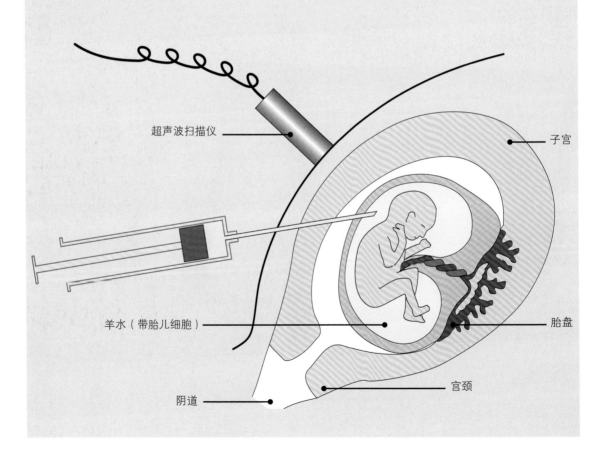

超声波扫描仪

子宫

羊水（带胎儿细胞）

胎盘

阴道

宫颈

是女孩还是男孩?

在女人能够进行超声波检查很早之前,NIPT便能够测出婴儿的性别,告知我们是女孩还是男孩。母亲血液中检测到Y染色体DNA则指向男性胎儿。实际用途是,只有通过ffDNA分析鉴定为男性婴儿,才需要进行X连锁疾病的侵入性检测。

ffDNA在诊断常染色体显性遗传疾病方面也很有用,它可能是胎儿新产生的或从父亲那遗传而来。但是,当母亲处于显性疾病状态时,使用该测试会更加困难,因为从她的血液样本中提取婴儿的DNA还需要分离她自己的DNA,揭示她的显性基因缺陷,并掩盖了更低浓度的胎儿DNA。

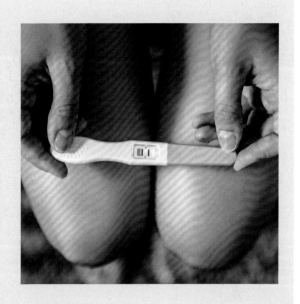

有创与无创胎儿DNA采样

绒毛膜是在胚胎中形成的膜,是受精卵分裂开始产生更多细胞后形成的细胞集合。它继续形成胎盘,为成长中的婴儿提供营养和氧气,并清除废物和二氧化碳。因为绒毛膜及其伸入子宫腔的类似茎的绒毛是起源于胚胎的,所以它含有婴儿的DNA。在怀孕11~14周之间进行的CVS程序可去除绒毛膜及其绒毛的样本。

从子宫内部取出羊水样本,羊水是围绕在发育中的胎儿周围的液体,这种技术称为羊膜穿刺术(通常在怀孕15周左右进行)。液体中含有婴儿的细胞,这些细胞是从泌尿和胃肠道以及皮肤上排出的。这些细胞中含有婴儿的DNA。

FBS(在怀孕约18周时进行)是直接通过脐带采集包含婴儿DNA的血液样本。

与所有其他获取胎儿DNA的方式相比,NIPT具有两个主要优点。首先,它是非侵入性的,减少手术对怀孕的风险。其次,从怀孕早期到结束的任何时候,妇女都可以进行,做其他手术之后可能会导致早产和分娩。

▶非侵入性产前检查与流产风险无关。

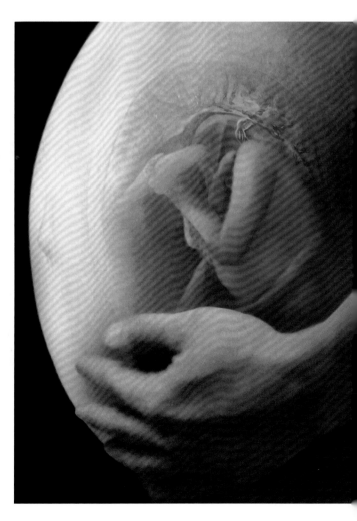

145

常规妊娠筛查

在怀孕的第12周和怀孕的第20周向所有孕妇提供超声扫描（USS）（尽管在英国的某些地区，NHS可能在12周无法提供扫描）。

综合测试

这项为期12周的扫描测量了婴儿颈部后部的一层液体的厚度，称为"颈部半透明层"（NT）。约3.5毫米以上的折痕可能表明婴儿处于染色体异常的危险中，如21三体征（唐氏综合症），折痕越厚，发生异常的风险越大。大约在同一时间，医生将对母亲的血液进行血液检查，检查一种称为游离β–hCG的激素和PAPP–A蛋白，它们都是女人的身体在怀孕期间产生的。

激素和蛋白质测试的结果以及环颈半透明性测试的结果组成了综合测试，与单独的NT测试相比，它可以更准确地估算是否存在多余的染色体副本，这可能导致异常。如果风险很高，医生将使用CVS、羊膜穿刺术或NIPT快速分析染色体数目。该分析主要寻找比正常的两个拷贝数多的染色体13、18或21和X/Y。怀孕阶段其他任何染色体的三体症均与生命不相容，这意味着怀孕早期肯定会流产，因此无需进行检测。

▼怀孕期间提供的常规检查包括超声扫描，以寻找染色体疾病的标志。

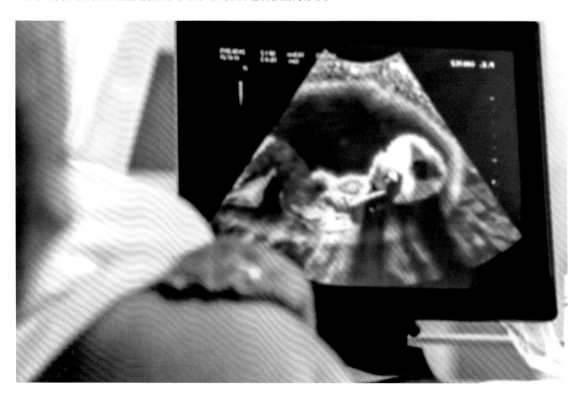

唐氏综合征核型

唐氏综合征中有47条染色体，而不是通常的46条染色体。存在一条额外的21号染色体，不是两个副本，而是三个副本。这就是为什么被称为21三体征的原因。

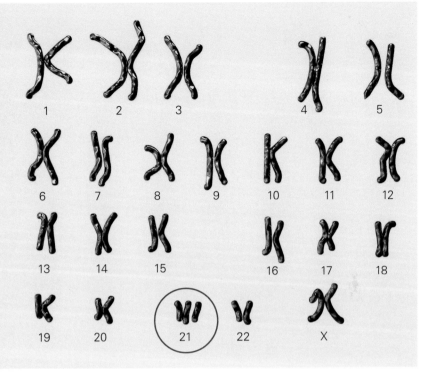

异常超声扫描

怀孕20周后，一名妇女将进行异常超声波扫描。许多准父母认为这是知道自己怀的是男孩还是女孩的机会，但实际上这是旨在识别先天性异常和婴儿成长的问题。如果超声医师可以看到多种先天性异常，例如心脏缺陷或胳膊和腿中的短骨头，或者一个肾脏而不是两个肾脏，则该家庭可能需要对婴儿进行染色体分析。其他体征包括鼻梁骨缺失和称为脉络丛囊肿的大脑中的小积液。尽管可以使用NIPT进行这些检查，但是医生更可能会选择羊膜穿刺术，因为不仅要在13、18或21号染色体上寻找异常，此阶段任何染色体都可能有异常。

正常结果

如果产前检查的结果不能解释超声医师在扫描中看到的缺陷染色体问题，或者结果不是结论性的，医生将考虑其他可能的解释，例如综合征或单个基因缺陷。他们将使用一组基因测试来测试单个或多个基因，并尝试确定是哪个可疑综合症。

不过，有时候还是无法获得答案。当结果仍不清楚时，医学专家将仔细监测怀孕情况并检查婴儿的健康状况，以确保一切都不会变得更糟，或者会发现任何令人担忧的变化。

育龄——母亲

染色体非整倍体与通常的46个染色体的数量不同，在老年孕妇中更为常见。非整倍体的风险随产妇年龄的增加而增加：到40岁时，她的风险是八十五分之一，在45岁时进一步增加到三十五分之一。

为什么会这样呢？分离每个染色体对以形成卵细胞的过程始于女婴的胎儿发育过程，并且直到女孩的身体（已达到青春期）在月经周期释放卵细胞之前才完成。因此，您的年龄越大，您的卵细胞等待完成最后一步还原分裂的时间越长。等待的时间越长，它们出问题的可能性就越大。

产前遗传咨询

向所有发现其婴儿可能患有先天性异常的父母提供遗传咨询，以帮助他们接受诊断并决定是否终止妊娠。

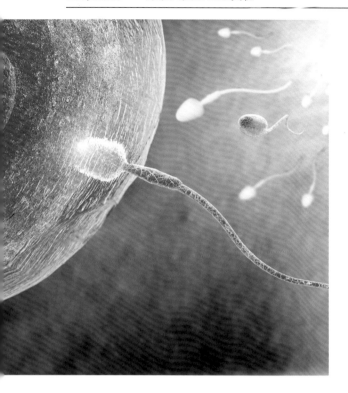

21号染色体是三体症中最常见的染色体，但也可能发生在13号染色体（帕套综合征）和18号染色体（爱德华兹综合征）中。常规妊娠筛查专门寻找这些疾病的可能性，因为它们与严重的先天异常相关，如严重的心脏和大脑缺陷。

育龄——父亲

对于父亲来说，新的遗传性疾病更可能是由年龄增长引起的后果。软骨病就是一个例子，它是遗传引起的矮人症最常见的形式，尽

产前检查的优势

产前检查相对于产前诊断的优势在于，一旦妇女怀孕，成功怀孕的可能性远大于使用产前诊断和等待观察发生的情况。不过，不利的一面是，助孕不能一直保证妊娠能够产下活婴——成功率取决于许多因素，包括母亲的年龄。作为一项技术，产前检查带来了很大的希望和期望，但它也有很大的局限性。

管每20,000人中只有1人发生。这是由于成纤维细胞生长因子受体3型（FGFR3）基因发生非常特殊的遗传变异。

对于80%的软骨发育不全的人来说，以前没有家族史，它是第一次在他们身上发生，新的遗传变异，然后成为可以传给他们下一代的显性特征。那么他们是怎么得到的呢？为何即使家族中没有其他人拥有这个变异，这种特殊的变异似乎一次又一次地发生？

似乎某些遗传变异为雄性产生精子的生殖细胞提供了选择优势。对不同年龄男性的睾丸进行研究，结果表明在老年男性中，基因变异的浓度要高得多，这些遗传变异传给孩子时，会导致少数新的显性疾病，这种疾病通常出现在老年父亲的后代中。这组特殊的变种有一些含义，意味着这些细胞在产生精子时更具竞争力，这就是为什么有时将其称为"自私选择"的原因。

怀孕期间的常规筛查测试，例如超声波，可以检测老年父亲的婴儿的某些状况，但是与针对老年母亲的非整倍性筛查不同，没有特定的检测方法。

植入前遗传学诊断

对于某些人来说，等到怀孕确定后再进行基因检测是不可接受的，尤其在面对不确定性时。植入前遗传学诊断（PGD）为后代有遗传病风险的父母提供了更好的控制。

PGD是一种生殖技术，可对使用受孕技术产生的胚胎进行基因检测，例如体外受精。这个想法是在女性体外创建胚胎，让它们分裂到至少八个细胞的阶段，然后一次性对其中两个细胞进行基因测试（在进行测试时其他细胞可能会被冷冻），然后植入预计不会出现病症的胚胎（通常一次最多两个）。当然，存在没有适合转移的胚胎的风险。

杜氏型肌营养不良、囊性纤维化或复杂的染色体缺陷都是医生建议进行PGD检测的原因，仅保留用于严重的遗传疾病的检测。英国政府任命的独立监管机构人类受精和胚胎管理局（HFEA）确保诊所遵守操作规范，以确保接受这些治疗的患者的安全，防止生殖技术的不当使用并为PGD运行了一套许可制度。

线粒体转移

线粒体疾病是阻止线粒体（细胞的能量动力源）正常运行，进而阻止细胞具有足够的能量来正常工作的一种疾病。它是终身的遗传病，但相对罕见，可以影响身体的任何器官，具体取决于受影响的细胞。

一个程序用于避免发生严重的线粒体疾病，线粒体转移使用了一种特别适合的生殖技术方法。这项技术的开发是为了防止母亲的线粒体传给她的后代，同时确保她可以传递其遗传密码的主要部分：核DNA。这种方法需要一个带有健康线粒体的供体卵细胞，去掉其核并用母亲的核代替；以及来自父亲的精子，这些精子被用来制造一个胚胎并转移给母亲。该程序导致了"第三胎婴儿"一词，并改变了先前遭受严重线粒体疾病的家庭的前景，使他们拥有健康孩子。

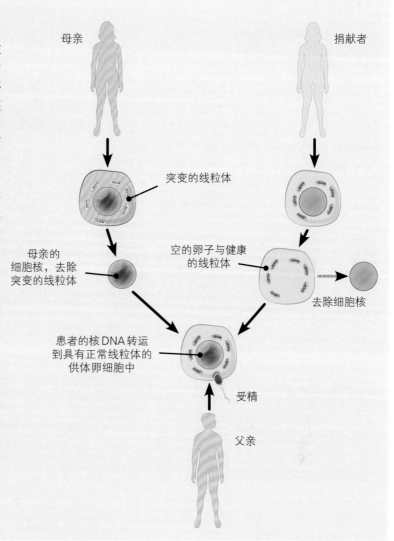

▼胚胎学家需要运用先进的技术才能对如此小的胚胎进行活检。

149

植入前基因筛选

植入前基因筛查（PGS）使用与PGD相同的技术，但最终使用的技术略有不同。目的是检查胚胎的染色体异常，妊娠流产的主要原因以及试管婴儿治疗失败的原因。目的是从一开始就筛选出具有染色体非整倍性的胚胎，这将增加成功妊娠的机会。由于这对于年长的母亲来说是个大问题，因此某些诊所为37岁以上的女性提供PGS。尚无确凿的科学医学证据表明PGS确实可以改善老年妇女的前景，但可能会增加年龄在37岁以下的女性的成功率，这些女性以前没有显示出任何的染色体病史。

产前排除

产前排除是一种基因测试的方法，目的是找出胎儿是否具有高风险的基因拷贝，类似亨廷顿氏病，但不揭示有风险的父母是否从患病的父母那里遗传了该变异。例如，如果一

▲显微镜下的胚胎由少量细胞组成，其中一两个细胞用于PGD中的基因检测。

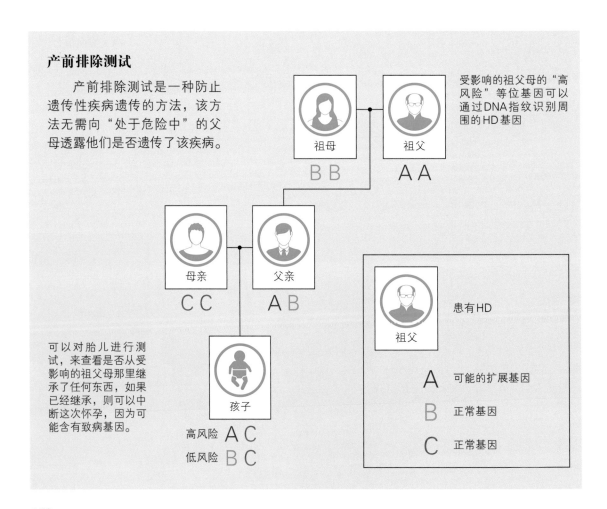

产前排除测试

产前排除测试是一种防止遗传性疾病遗传的方法，该方法无需向"处于危险中"的父母透露他们是否遗传了该疾病。

受影响的祖父母的"高风险"等位基因可以通过DNA指纹识别周围的HD基因

祖母 B B　　祖父 A A

母亲 C C　　父亲 A B

孩子

可以对胎儿进行测试，来看看是否从受影响的祖父母那里继承了任何东西，如果已经继承，则可以中断这次怀孕，因为可能含有致病基因。

高风险 A C
低风险 B C

祖父　患有HD

A　可能的扩展基因
B　正常基因
C　正常基因

儿童基因测试

在法律上，从16岁开始，年轻人被认为具备对自己做出重要决定所需的智力，例如同意接受医疗程序和检查。在此之前，任命他们的父母或法定监护人代表他们及其最大利益。这也适用于基因测试。儿童可能由以下两个原因之一接受基因测试：诊断遗传病或了解有关他们未来的事情。两种情况在伦理上是截然不同的。

我们可以将通用分析用作诊断医学测试，看看遗传状况是否可以解释对儿童健康或发育的担忧，并帮助指导他们的医疗保健和治疗需求（诊断遗传病的测试不一定要基于DNA，它可以是对血液或尿液，X射线或组织活检的生化检查，从而寻找表明遗传病存在的病理征象）。

如果要检测迟发性疾病，尤其是无法治疗的疾病，或者探究孩子是否是疾病的携带者，则需要考虑其他因素。测试消除了孩子对自己的未来做决定的自主权。我们已经遇到了HD预测测试所带来的复杂性，即使成人通过HD测试也是如此。研究表明，对孩子进行携带者测试会产生负面影响和耻辱感，而这些实际上与孩子的健康无关。毫无疑问，测试在儿童医学中占有一席之地，但只有当我们以儿童的最大利益为出发点进行测试并在测试前后提供正确的支持时，才进行测试。

收养和基因检测

在收养孩子之前，他们通常会进行一系列评估来检查孩子的整体健康状况和认知能力。这是为了确定他们潜在的未来教育和医疗需求，并确保找到合适的家庭。越来越多的地方当局寻求基因检测作为这些评估的依据，这件事情使他们承受着一部分的压力，有时是由于人们误认为基因检测的信息定义了孩子的未来。

然而，基于他们的遗传密码，儿童遭到污名化和商品化，这充满了困难，儿科医生需要权衡遗传测试带来的好处和坏处（例如，对于准收养的父母）。

位孕妇的父亲患有HD，她想要确保自己的孩子不会遗传到该疾病，但又不想知道自己是否遗传了该疾病，则可以进行这种类型的产前检查。

产前检查依靠DNA指纹来识别和筛选出来自于受影响的祖父母的任一基因拷贝。研究人员分析了这名妇女父亲的HD基因拷贝周围的DNA指纹，并将其与胎儿的DNA进行比较。重要的是，该测试仅用于识别他女儿的哪些基因拷贝来自他。胎儿的DNA（通常是通过CVS或羊膜穿刺术采集的）揭示，这两个基因拷贝中的任何一个最初是否来自妇女的父亲。如果其中一个是遗传下来的，那么该妇女将终止妊娠。

当然存在风险，该程序可能会使怀有健康婴儿的孕妇不适，这可能导致流产。

基因测试中的特殊注意事项

道德，法律和社会问题经常围绕着基因测试。隐私和知情同意是专业人员提供关怀的基石，他们主要解锁代码中包含的信息。在某些情况下，进行基因测试之前应专门考虑一些事。

第七章
接下来会发生什么？

自孟德尔（Mendel）首次在他的甜豌豆中描述遗传特征以来，我们已经走了很长的一段路。遗传学不再是一门秘密科学，没有在新闻或在线上提及它的日子已经过去了。它似乎与我们的日常生活越来越相关，并且通过直接消费者测试以及作为常规医疗的一部分，现在比以往任何时候都更容易访问我们自己的基因组。那么什么是地平线？随着我们推动基因组学革命的发展，并充分发挥其作用，从而发挥更大的作用，实现更大的利益，我们还必须意识到潜在的滥用行为，并直面这些行为，以防止未来的遗传灾难。

精密医学

精密医学属于相对较新的领域，将改变医疗保健，尽管目前我们还不具备完全部署到位的基础设施或复杂的知识。精密医学的目的是考虑遗传变异与生活方式和环境因素的相互作用，从而预防疾病和改善治疗。它将取代"一刀切"的医疗方法，而将重点放在个人身上。

药物基因组学

药物基因组学是精密医学的一个特定分支，它能解释为什么某些人对特定药物治疗的反应比其他人更好，有些人根本不反应，另一些人甚至可能会产生药物不良反应和严重的副作用。它结合了药理学（药物研究及其作用方式）和基因组学。引起个体反应差异的根本在于遗传密码中的变异，尤其是产生代谢药物的蛋白质的基因。

改变药物化学结构的新陈代谢过程，通常是通过酶来完成的，要么将其转变为治疗所需的活性形式，要么将其从体内清除。变异的基因之间存在的细微差异可以改变它们的工作方式，从而提高或降低效率。遗传变异可以决定人体吸收药物的难易程度，细胞受体如何吸收药物并做出反应，人体能够多快地将药物加工成活化形式，以及需要多久才能在肝脏和肾脏中消除。由于遗传密码存在差异，不同人在这些阶段的表现不同，了解这些意味着可以针对个人开出更加适合的处方药物。

▼ 药物基因组学是精密医学的一个分支，它告诉我们基因是如何影响我们对不同药物的反应。

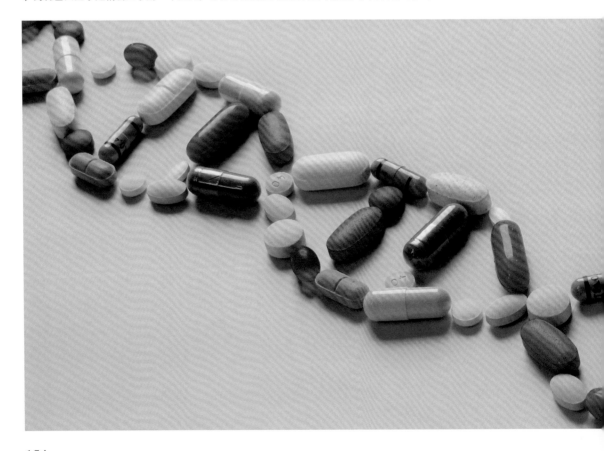

个性化处方

已知许多常用的处方药在不同人群中具有不同的作用。按照惯例，医生会为每个人开出标准剂量，然后看病人对药物的反应（正面还是负面）。止痛药和抗癫痫药，抗抑郁药，抗凝药和免疫抑制剂都是以这种方式治疗的药物。

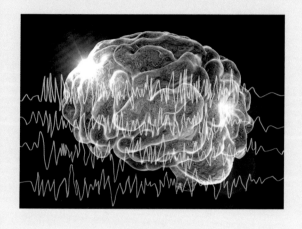

止痛药

这组药物包括可待因、曲马多、吗啡和美沙酮，我们对它们的反应各不相同，这取决于我们独特的代谢能力，取决于我们基因的变异。将来，个性化的处方使疼痛药物能够基于我们的个人基因组成进行量身定制，这种方式最有效，并且不会引起严重的副作用。

抗癫痫药

一些抗癫痫药，例如卡马西平，在某些人中会引起不可预测的严重不良反应，例如肾和肝功能衰竭，而在其他人中则不会出现这种情况，这表明遗传学正在发挥作用。实际上，不同人种的遗传密码中存在特殊的变体，我们可以用它来指示哪些人会产生副作用，以便医生可以针对每个病人，知道应该给谁和不应该给谁开药。

药物不良反应和副作用

如果您曾经阅读过任何药物随附的信息手册上的小字，你就会遇到一系列潜在的副作用，多的比手臂都长。其中一些副作用似乎比较温和，如口干，而另一些听起来更为严重，例如严重的过敏反应，如果不及时治疗，可能导致死亡。这些被称为药物不良反应。如果您随后继续服用该药物，可能已经出现了副作用，也可能没有。极少数人会遇到更严重的反应。

大多数药物不良反应是不可预测的。不良反应如此之多，以至于有一个分类系统曾经将它们归类为"异常的"。但是，通过从成千上万，即使不是数百万的患者中收集有关不同人对药物优劣的反应方式的信息，并将这些信息与基因组数据相结合，便可以开始更准确地预测个体药物反应。将来，在开药时，我们通过查看患者的基因组标志物，并确定哪种药物最适合他们的情况，哪种药物效果最好，副作用最小，甚至是最适合的用量。研究人员已经在开发"床头"设备来实现这个目的，在不久的将来这些设备将把基因技术直接带给您附近的医生手中。

▼ 为什么有些人会对药物产生副作用，而另一些人却没有，这都写在我们的基因中。

基因疗法

基因疗法是一种治疗罕见遗传病的医疗处理，可修复有缺陷的基因。例如，在A型血友病中，蛋白质"Ⅷ因子"对人体的凝血级联途径至关重要，而负责该蛋白质生产的基因无法正常工作。如果患有A型血友病的患者接受基因治疗，则他或她可以适当接受基因的工作拷贝，使他们的细胞开始产生Ⅷ因子。同样，一个人可以通过接受基因治疗使异常工作的基因失活，甚至引入可以抵抗疾病的基因。

基因疗法的作用

为了替换缺失或有缺陷的基因，专家在实验室创建了基因的新工作副本，并递送至患者的细胞。新基因需要一种运载器，称为载体，才能到达需要的位置。为了达到这个目的，基因替代疗法使用病毒，病毒是微小的微生物，因带给我们咳嗽、感冒，以及使儿童感染麻疹等而闻名。这种疗法利用了病毒入侵（感染）宿主细胞为了使我们身体不适，并利用细胞制造所需蛋白质的能力。但是，在基因治疗中，病毒中引起疾病的部分会从设备中剥离出来，只留下入侵细胞所需的DNA。一旦进入细胞，新的DNA拷贝就会开启并开始制造蛋白质。

基因替换使用许多不同的病毒作为载体，专家通过对病人进行静脉注射将其注入他们的血液中。然后，某些病毒、逆转录病毒，便能够将自身的DNA插入宿主的遗传密码中，和替换基因一起。但是，逆转录病毒可能会将自身的DNA传递到体内的任何地方，从而破坏宿主的其他基因。其他病毒，例如腺病毒，会侵入细胞，但使自身的DNA与宿主分开。由于腺病毒可以侵入许多不同类型的细胞，因此它们可以用于许多罕见疾病的基因替代疗法中。

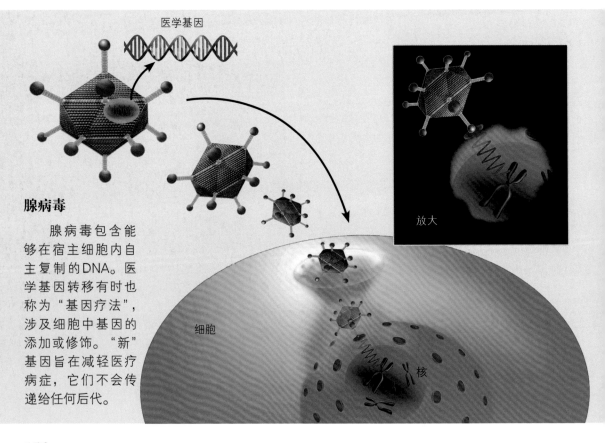

医学基因

腺病毒

腺病毒包含能够在宿主细胞内自主复制的DNA。医学基因转移有时也称为"基因疗法"，涉及细胞中基因的添加或修饰。"新"基因旨在减轻医疗病症，它们不会传递给任何后代。

放大

细胞

核

我们可以用基因疗法做什么？

基因疗法最适合目标组织最容易接近的情况，例如影响眼后视网膜的疾病，或者基因缺陷发生在身体局部、易于接近的部位。对于患有视网膜病（视网膜的遗传性、退化性损伤）的患者，至少根据早期研究表明，基因疗法可能使某些人恢复视力。在囊性纤维化中，基因疗法通过吸入的方式将替代基因直接传递到呼吸道。而且，针对影响婴儿的严重神经系统疾病，称为脊髓性肌萎缩症（SMA），基因替代疗法很快将成为公认的疗法，这种常染色体隐性遗传病是渐进的且危及生命，会影响每6,000~10,000名婴儿中的一名。

基因疗法的未来是什么？

未来基因替代疗法的希望是治疗遗传疾病的根本原因，即克服有缺陷的基因，并找到既安全又有效的递送系统。到目前为止，已经开发出这种治疗方法，仅用于少数几种罕见的遗传疾病的治疗，但是基因疗法的前景非常令人振奋，它有可能大规模治疗多种遗传疾病。

基因疗法还有其他潜在的用途。例如，我们也许可以使用它来启动新的细胞形成，以鼓励受损的组织再生。例如，这可以帮助心脏病发作后的恢复，或帮助修复脊髓损伤。

▶ 未来基因疗法的成功取决于找到安全有效的递送系统。有一种可能性是使用类似的医学纳米颗粒。

基因疗法的伦理

将新基因引入人类细胞的能力引起了重大的伦理问题。诸如什么是好基因和坏基因，使用该技术创建由遗传上的"精英"个体组成的种族以及基因治疗的高昂财务费用等问题，都是医学分支所面临的伦理问题。与其他生殖技术一样，与社会代表团体进行先发制人的讨论，对于解决此类问题非常重要，从而在全球范围内制定政策，规范其使用并造福所有人。

DNA 克隆

DNA克隆通过将基因插入质粒的环状DNA中来进行基因的复制或克隆。然后，病毒将基因的有效拷贝传递给患者的细胞，进而制造蛋白质。

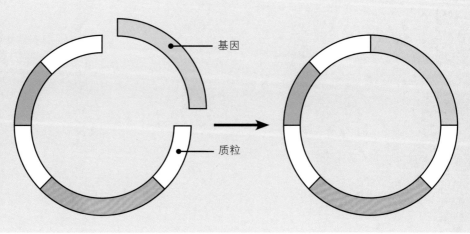

基因

质粒

表观遗传学的启示

遗传学是对遗传的研究，遗传是通过DNA从一代传给下一代的特征。但是，表观遗传学中重要的是散布在整个遗传密码中的化学标签，它影响基因的工作方式。换句话说，表观遗传学是关于DNA的化学修饰及对基因组的影响的研究。与DNA本身不同，这些标签中的一小部分会传递给下一代，但是从表观遗传学的角度来看，大多数都是从一代到下一代的传递过程中被清除。表观遗传学有助于理解我们的健康和福祉，其作用每年都变得越来越清晰和重要。

基因组的表观遗传修饰

表观遗传学调整了遗传密码的运作方式，而实际上没有改变基本蓝图。这是通过向DNA中添加微小的化合物而实现的。这些变化主要通过两种方式发挥作用：一种是通过改变DNA链的形成，另一种是通过打开或关闭某些细胞中的某些基因。

DNA甲基化

在DNA甲基化中，一个碳原子和三个氢原子组成的甲基（化学式CH_3）连接到遗传密码中几个定置的半胱氨酸（C）的碱基上。甲基化具有关闭或沉默基因，控制何时何地制造蛋白质的作用。例如，产生血红蛋白的基因应该在骨髓中有活性，而不应该在大脑中有活性，

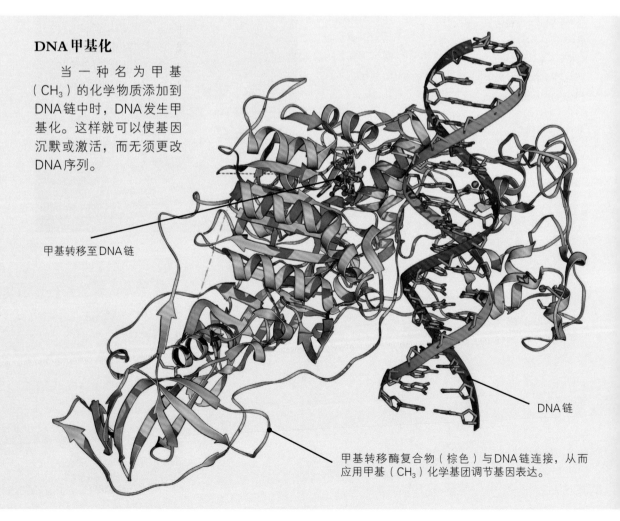

DNA甲基化

当一种名为甲基（CH_3）的化学物质添加到DNA链中时，DNA发生甲基化。这样就可以使基因沉默或激活，而无须更改DNA序列。

甲基转移至DNA链

DNA链

甲基转移酶复合物（棕色）与DNA链连接，从而应用甲基（CH_3）化学基团调节基因表达。

胎儿血红蛋白应该由胎儿产生，而不是一般在出生后才产生。甲基化也是女性失活其中一个X染色体的机制，它被甲基标签覆盖并沉默。

甲基化以这种方式控制基因，但是它似乎还具有附加功能，因为随着时间的推移，我们的基因组变得越来越甲基化。这表明甲基化也对环境暴露有反应。然而，这是怎么做到的呢？以及DNA化学修饰文库中隐藏着什么信息呢？结果还有待观察。我们希望新的基因组学科学能够告诉我们更多信息，使我们可以开始理解先天与后天之间的相互作用。

组蛋白修饰

组蛋白是包裹DNA的微小蛋白质，DNA以越来越紧的顺序缠绕成双螺旋链，形成核小体，染色质，最后形成染色体。它还需要进行化学修饰，这是一个动态过程，涉及一种化学化合物，例如乙酰基（化学式$COCH_3$），由一个碳原子和氧原子组成的羰基（CO）加到CH_3甲基上。从组蛋白中添加和去除乙酰基标签的动态平衡过程改变了DNA折叠的方式，使内部的基因暴露或隐藏，哪些是活跃的，哪些是不活跃的，这些都将发生改变。

表观遗传学和衰老

研究表明，随着年龄的增长，表观遗传特征会发生变化。胚胎、婴儿、年轻的成年人和八十岁的人的甲基化模式之间存在明显差异。表观遗传时钟的概念说明了这种随时间变化的现象。它将实际年龄和生理年龄进行比较，生理年龄根据整个遗传密码中几百个甲基化热点确定的。

前提是随着时间的流逝，环境暴露的表观遗传标志会累积，我们的基因组在某些基因组位置的甲基化程度反映了我们暴露于特定因素的程度，暴露越多等于甲基化程度越高，因此加速了生物衰老。尚不清楚为什么会产生这些影响，也不清楚测试所测量的是什么。除非我们更好地了解甲基化曲线与暴露的关系和机制，否则我们将不知道如何停止时钟的运转或至少放慢运转速度，这对于希望克服无休止老化过程的人们而言，未来将呈现出特别有吸引力的前景。

解开DNA

如果我们从染色体上解开DNA，我们可以看到它是如何包装并缠绕在组蛋白周围的。还显示了DNA的甲基化，从而了解不同的表观遗传标记如何协同工作。

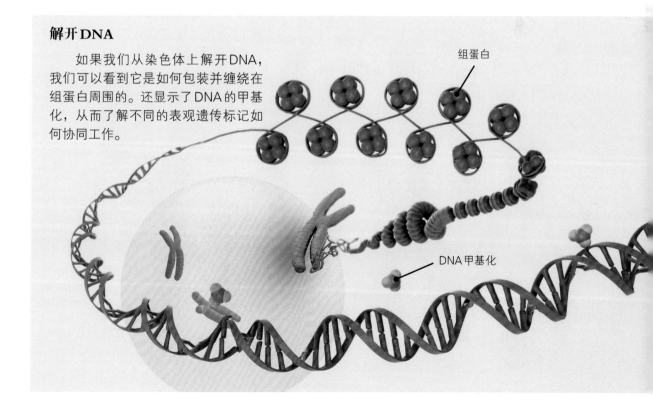

组蛋白

DNA甲基化

为什么表观遗传学很重要？

众所周知，实际上相同的双胞胎从根本上是不同的，但是它们具有相同的遗传密码。那么，造成差异的原因是什么？长期以来，人们一直认为产生的差异与双胞胎所处的环境有关，双胞胎之间的环境暴露差异很大，例如运动、睡眠、疾病和创伤（我们都知道这些因素影响表观遗传学）。

因此，在先天与后天的背景下，表观遗传学正成为环境暴露对健康影响的主要驱动力。但是它在胚胎发育的生命早期也起着重要的作用。这是器官发育以及决定干细胞形成何种类型的细胞的关键因素，这些干细胞有可能转变为多种不同类型的细胞。当发生错误时，影响是巨大的，出现许多神经发育和生长综合症，这是由于表观遗传标记放置异常引起的结果。其中一些错误可能是可逆的，为治疗一组非常特殊的罕见疾病铺平了道路。

表观遗传标记，DNA上的化学修饰标签，似乎也与更常见的疾病，例如阿尔茨海默氏病，以及某些类型的癌症有关，包括乳腺癌和精神疾病。

越来越多的证据表明，表观遗传学也可能与自闭症和肥胖有关。标记的模式会随着时间以及暴露的环境因素而变化，例如香烟烟雾。衰老会影响我们的整体表观遗传特征，因为它也会随着时间而改变。表观遗传时钟就是一个很好的例子。

隔代遗传

科学家希望表观遗传学能够回答以下问题：对环境诸如吸烟和饮食等某些因素的暴露如何改变DNA的基本功能，以及这些过程在人类的整个生命过程中会发生什么变化？但是故事会止于此吗？或者我们是否还会发现我们的暴露程度对下一代的连锁效应？

隔代概念，也称为跨代，其特征传递与身体特征的传递有关，并不是通过遗传密码中的变异进行的，而是由于父母暴露于影响我们自身表观遗传特征的某些环境因素导致的结果。大卫·巴克（David Barker）在1990年的一项观察发现，婴儿早期的营养不良，反映了母亲在胚胎和胎儿早期发育过程中的营养状况，可以影响婴儿成年后的健康状况，这是巴克假说的基础。

◀ 同卵双胞胎可能具有相同的DNA，但它们并非真正相同，表观遗传学可以解释这一点吗？

1944—1945年的荷兰饥荒

在1944—1945年荷兰饥荒期间，德国占领了荷兰，有20,000人死于饥饿。这是一个短暂而具有破坏性的时期，直到第二次世界大战结束时，1945年5月荷兰人民得到解放。在此期间，许多妇女怀孕了。研究人员追踪了这些妇女及其婴儿，来了解母亲营养不良对婴儿自身长期健康的影响。

结果表明，荷兰饥饿者冬季队列研究中的孩子长大后血液中的胆固醇水平较高，是心脏病和中风的危险因素，并且肥胖、糖尿病和心理健康问题的发生率较高，例如精神分裂症。到了20世纪60年代，似乎这一群人的死亡率要比母亲不是饥荒受害者的同龄人更高。

研究人员研究了他们的DNA甲基化谱，并发现了不同的模式，这增加了表观遗传记忆以某种方式介导子宫营养不良与后代不良健康之间联系的可能性。究竟是如何发生的仍是一个谜，但是有一个疑问，在营养不足的情况下，基因组某些区域的DNA甲基化可能为胚胎带来一种积极的自然选择，但也可能对今后生活的健康带来不利的影响。

▲ 埃拉·范·海姆斯特拉男爵夫人（左）与她的女儿，舞台和银幕明星奥黛丽·赫本（Audrey Hepburn）互相问候。埃拉·范·海姆斯特拉（Ella van Heemstra）是荷兰人，全家在1944—1945年的饥荒中陷入困境。奥黛丽成年后会终身遭受负面医学影响，忍受贫血、呼吸系统疾病和水肿问题。

进一步研究的结果增加了越来越多的证据，表明我们选择对自己的身体做的事情可能与我们的表观遗传记录有着不可磨灭的烙印，并在某种程度上传递给了我们的后代。一些研究已经探究关于父亲由于不良经历而传给后代特征的可能性。例如，一些研究表明，遭受创伤的父亲的孩子比其他人更有可能患有非胰岛素依赖型糖尿病和精神健康问题。一种机制可以用于解释这种现象，即变化通过RNA传递，RNA是从DNA翻译遗传密码形成的分子。

但是，该科学领域还处于非常早期的阶段，表观遗传途径的传播实际上是如何发生的也仍然不确定，最近的研究结果相互矛盾。我们是否能够深入了解我们今天对自己所做的事情是否仍将铭刻在后代的表观遗传记忆中，这有待观察。

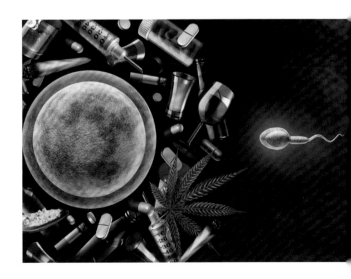

▲ 我们的不良习惯带来的不良影响能否通过我们DNA的表观遗传学变异传递给下一代？

微生物组

数以亿计的微生物几乎遍布在我们每平方毫米的身体中，在我们的皮肤上，在我们的嘴中，在我们的内脏中，几乎每一个角落。这些细菌、病毒、真菌和古细菌（统称为微生物群）之间包含200万至2,000万个基因，比构成我们自身遗传密码的20,000个基因多一千倍。因此，体内发现的基因中有99%实际上包含"第二基因组"，称为"微生物组"。微生物组在保持我们健康方面发挥了作用，但同样也与慢性疾病有关。

微生物组如何影响健康

通常，我们将微生物与有害作用联系在一起，并尝试使用抗菌洗剂从口腔和皮肤中清除微生物，并使用抗菌药物将其冲灭，例如抗生素。但是现在看来，大多数细菌从内到外遍布我们的身体，不仅对人"友好"，甚至对保持良好的整体健康也至关重要。例如，它们帮助消化食物，增强免疫系统，产生维生素并抵抗引起疾病的微生物。

同样，以某种方式使这些微生物的混合物失去平衡，可能会对我们的健康产生不利影响。有证据表明，微生物组的变化与肥胖、肠炎、过敏，甚至帕金森氏病有关。那么，为什么近年来某些医学疾病的发生率更高呢？微生物组是否掌握着其中的秘密？随着这项大规模研究的结果浮出水面，这是人类微生物组计划将来需要进一步解决的问题。

帕金森氏病和微生物组

帕金森氏病是一种进行性神经系统疾病，会引起震颤和行走困难。受影响的人需要别人的帮助来完成大多数的日常事情，最终会失去行走的能力。帕金森氏病是由中脑黑质部分神经细胞死亡导致的。我们在这里生产多巴胺，多巴胺是一种激素，可促进运动，其中包括体验情绪和奖励感知、认知和学习等。

帕金森氏病的病因尚不清楚，但答案可能存在于微生物组：受帕金森氏病影响的人的肠道中也发现了 α-突触核蛋白分子，该分子在

系统发育学

实验室测试用于确定微生物群落组成以及不同人之间它们的区别，主要取决于核糖体RNA（rRNA）的检测——细菌、病毒、真菌和古细菌产生的类型。在微生物中发现的一种特殊类型的rRNA，称为16S，其包含两个区域，这些区域对特定类型的微生物具有特异性，在数百万年内没有发生变化，这有利于分析出现代每个人的微生物组中的多种错误。进化微生物科学这一分支被称为系统发育学，这个领域最初在19世纪70年代构想，当时没有人认为它未来能作为我们微生物组测试的潜力。遗传科学可能还有其他领域，我们可以重新发现并利用它们来扩大我们对遗传学在健康和疾病中所起作用的了解，并诊断和治疗医学病症。

▼ 帕金森氏病的神经细胞含有结块的异常蛋白质，称为路易体。

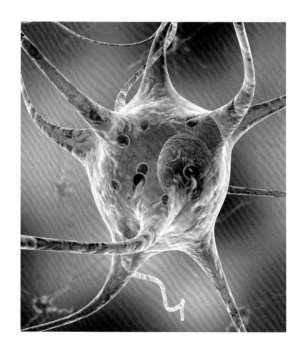

▶ 微生物几乎在所有地方定居我们的身体,从而增加了第二个基因组。

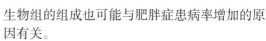

神经细胞中形成团块,对大脑有毒。

　　利用小鼠进行的研究表明,帕金森氏病实际上可能是从肠道开始,由微生物组的某些成分介导,该微生物群产生具有毒性脑效应的分子。尽管该理论需要进一步严格的科学探索,但早期迹象表明可能与第二个基因组有关。

微生物组与心理健康

　　通过潜在的双向脑肠轴,研究人员建议,肠道微生物产生的代谢产物可能到达大脑并影响心理健康,然后大脑可能会将信息发送回肠道,以响应微生物的组成改变。微生物组的研究领域肯定还处于早期,但是未来的前景似乎很有趣。

　　最近的一项研究证明了心理健康与肠道微生物组之间的联系,其中较高的生活质量指标与肠道微生物组中的两个特殊菌群呈正相关,即柔嫩梭菌和粪球菌。另外,患有抑郁症的人其肠道粪球菌属的丰富性明显降低,同时另一种肠道虫小杆菌属也很少。一些肠道微生物会产生多巴胺代谢产物,该物质通过刺激大脑中的奖励系统而与更高的生活质量相关。现在也许还是早期,但未来微生物组在改善心理健康中的潜在作用似乎很有前景。肯定会有更多相关的研究。

肥胖与微生物组

　　微生物组与肥胖相关的作用也刚刚开始显现。对小鼠和人体的研究结果表明,胃肠道微生物组的组成也可能与肥胖症患病率增加的原因有关。

　　肠道微生物组的组成与2型糖尿病之间的可能联系已经开始显现。2型糖尿病是一种严重的健康疾病,在肥胖人群中更为常见。科学家们正在总结肥胖者和瘦者中肠道菌群的概况,以帮助了解我们的肠道菌群可能对饮食过量导致肥胖的营养因素做出的反应。未来,研究人员将研究肠道微生物群在肥胖中的贡献,并考虑这些肠道微生物是否将代谢的任何产物释放到血液循环中,从而导致肥胖。也许有一天,调节肠道微生物组的方法有助于解决这一问题以及面对许多其他关于健康和福祉的现代挑战。

基因工程

基因工程是通过改变生物体的基本DNA结构来操纵其遗传密码的过程。它是将新的遗传序列插入宿主中或去除现有的序列。或通过更改遗传密码来增强或破坏基因的功能。因此，我们可以在医学研究以多种方式使用基因工程，开发新药物（例如疫苗以及酶和激素替代疗法）和基因疗法等。这些技术在全球范围内需要进行严格的监管，以确保我们充分将它应用在好的方面，帮助我们，而不是毁掉我们。

基因编辑

基因编辑的一种特殊的科学方法，即通过基因编辑切割遗传密码中特定目标位置的DNA，从而去除特定的序列（例如，一段包含致病变异的片段）或插入新的区块，也许是一段遗传序列替代有缺陷的基因。细胞中天然存在的DNA修复机制将松散的末端连接起来，将新序列密封到位，并完全整合到基因组中。

我们既可以在实验室环境中（体外）使用基因编辑，作为一种工具帮助医学研究和开发针对遗传病的新疗法，也可以在患者体内（体内）直接使用基因编辑，也许有一天，这种技术有可能寻找并治疗通过遗传机制介导的疾病，例如癌症。

CRISPR-Cas9

CRISPR-Cas9是一种受控且精确的编辑基因组的方法。它是一种发现和替换的基因编辑技术，可用来识别基因组的精确区域，将其切出并插入新的所需DNA序列。它由两个元素组成。CRISPR（成簇的规律间隔性短回文重复

基因编辑胚胎

任何打算对胚胎进行基因编辑的人，都要遵循非常严格的指导原则，且很难获得许可证。当一位违反监管制度的科学家于2018年12月宣布，他已经将双胞胎的基因组编辑为日龄的胚胎时，整个世界都为之震惊。他声称在实验室中已经使用CRISPR基因编辑改变了名为CCR5（趋化因子、CC基序、受体5）的基因的功能，目的是使姐妹俩免受艾滋病毒感染，因为他们的父亲是HIV阳性。他打开了基因组时代的潘多拉魔盒，对此有关部门表示强烈的担忧。

他违反了有关人类使用基因编辑技术的若干法规。在英国，法律规定，我们不能将人工修饰的DNA植入胚胎，并且（实际上）科学家必须在14天内销毁它们。通常，世界其他地方都同意这一法规。这位科学家单独行动，失去了共享知识的机会，并开启了遗传学领域的俄罗斯轮盘赌注。毕竟，基因编辑的后果在很大程度上是未知的，而且完全不受我们控制，谁知道这些变化可能会产生哪些副作用？

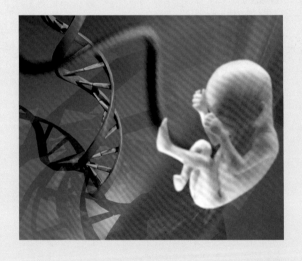

例如，尽管现在显然已经使双胞胎免受HIV感染，但是新的DNA链可能破坏另一个基因的功能，从而导致另一种严重疾病。如果我们使用基因编辑来删除有不良影响的有缺陷的基因，谁会知道我们可能无意间也破坏了具有有利影响的另一个基因的功能？也许甚至是我们还不知道的那个基因。现在和将来，监管和公开辩论至关重要。

滑坡？

随着基因技术的飞速发展，例如基因编辑，人们对它的使用及它是否合法和适当，提出了质疑并进行了激烈的辩论。从根本上说，正确地改变遗传密码会引起人们的担忧，害怕我们正逐渐沦落为超人类种族，并提出了质疑，关于该方法是否可能被不安全地用于制造所谓的设计婴儿，这些婴儿经过基因改造后具有某些特性，外貌、个性、天赋和智慧，有些人可能会认为这是可取的。但是，实际上，尚不知道赋予此类特征的特定基因配方。正如我们已经看到的那样，这些特征很可能是遗传密码中许多微妙变体的整体结果，每个变体都有很小的作用，当与环境结合并相互作用时，我们就成为我们这个个体。

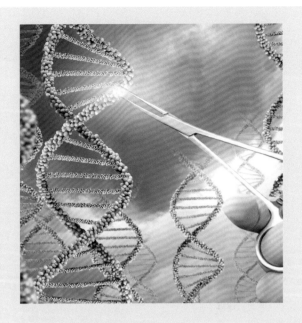

序列）组件包含小短 RNA 序列，能够精确匹配靶 DNA 且与之互补。这使组件能够找到它需要替换的 DNA，就像在卫星导航系统中输入地址一样。 一旦精确定位，核酸酶 Cas9（CRISPR 相关蛋白 9）就可以充当一对化学剪刀，在预定的确切位置切割 DNA。然后通过细胞的 DNA 修复系统将替换的 DNA 固定。

我们可以在医学研究中使用 CRISPR–Cas9 技术来研究疾病的基因功能。因为它破坏基因的正常功能，使我们能够探究其产生的后果。研究人员还用它来研究人类胚胎的早期发育，我们现在知道（得益于这项研究），它是由少数基因组成的。

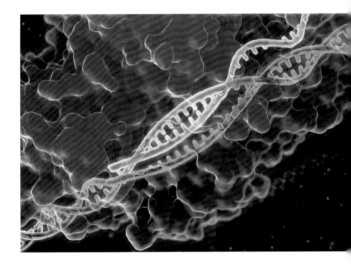

▲ 使用 CRISPR–Cas9 进行基因编辑。 Cas9（紫色）使用 RNA 链作为引导物（橙色）连接到目标 DNA。Cas9"锁定"在 DNA 上，并在正确的位置切割（绿色）。

避免阴暗面

有些人担心基因技术的进步存在潜在弊端以及灾难性滥用的可能性。成立于 1991 年的努斐尔德生物伦理理事会，组织科学家、医生、伦理学家、神职人员和公众进行公开对话，从而向政策制定者提供建议并向政府提出建议。

欧洲委员会 1997 年的《人权与生物医学公约》早就预期了基于 DNA 技术的潜在深远影响，并在条约的第 13 条中指出："试图修改人类基因组的干预措施只能用于预防、诊断或治疗目的，并且仅当其目的不在任何后代的基因组中引入任何修饰时。

公开透明的讨论与商定的法规相结合，使有益于社会且受欢迎的医学技术得到采用，例如 IVF（体外受精）技术，但至少在某些情况下，可以避免实施那些可能会引起有害发展的技术，例如基因编辑，直到我们更好地了解它们的好处。

克隆

克隆产生遗传上相同的生物。当我们处在了解人类克隆潜力的边缘时，它的使用充满了困难和争议。

多莉羊

苏格兰罗斯林研究所的研究人员为了生产转基因牲畜而创造了多莉。他们从六岁的费芬兰多斯特（Finn Dorset）绵羊的乳腺中获取了一个细胞核，并将其引入了苏格兰黑脸绵羊的卵细胞中，这个卵细胞的核已经提前去除。然后他们找到了另一个黑脸绵羊作为代孕母亲。

多莉（Dolly）在1996年成功出生，并且生

▲绵羊多莉（Dolly）现已被制成标本，并在苏格兰国家博物馆展出。

▼科技的进步正在帮助我们揭示人类生活如何开始的秘密。

活得很好。鉴于她的实际年龄，她的细胞的生理年龄似乎要高一些，与提供克隆的乳腺细胞的绵羊的年龄更加一致。她有多只小羊，并活到六岁，死于一种导致绵羊肺癌的病毒。

从技术上讲，对人类进行克隆要困难得多，而且还没有人能做到这一点。与其他哺乳动物不同，在人类中，纺锤体蛋白非常接近染色体，在精子和卵细胞受精后，胚胎需要进行细胞分裂。这意味着，当科学家试图从人类身上去除细胞核时，他们也要去除这些蛋白质，进而阻止了细胞分裂。

当然，技术困难并不是唯一的事情：人类生殖克隆存在重大的伦理问题，因此，根据国际法，这是非法的。

治疗性克隆

治疗性克隆在概念上与人类生殖性克隆不同，因为其目的是使用含有患者自身遗传密码的干细胞来创建针对医疗病症的治疗方法。干细胞是一种特殊的细胞，具有成长为多种不同细胞类型的潜力。

在发展的早期阶段，人工创造的胚胎是干细胞的丰富来源。在治疗性克隆中，科学家从

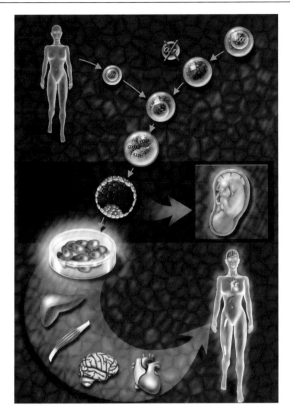

▲ 有一天，治疗性克隆可以帮助我们培养出与遗传移植相容的备用器官。

全基因组测序

我们从未如此前所未有地得到我们的基因组。现在，重大的技术进步使我们有可能一口气对整个遗传密码进行测序，即300万个碱基对的DNA。随着新一代测序仪的问世，测序的时间也越来越短，这种测序仪的速度更快，输出率更高。价格也变得越来越负担得起，部分原因是如此多的基因组正在分析，从而提供规模经济。在不久的将来，读取整个DNA库可能仅需24小时，并且价格是你能负担得起的。新生婴儿也可能会进行针刺足跟试验，以便在整个基因组中寻找可以治疗的遗传疾病，而不仅仅是少数疾病。

但是，在人群水平上实施全基因组测序（WGS）带来了巨大的挑战，后勤和道德方面的挑战，在我们进行如此大规模的开发之前，我们必须解决这些挑战。

生物信息学的需要迎来了新的机遇，因此我们可以理解为WGS将生成大量数据。我们需要创新的IT解决方案来存储和处理这些数据。将基因组数据链接到电子病历也将是一个挑战，但是如果我们想要利用基因组给我们的健康带来最大益处，那么这将是必然进行的。用机密和安全的方式保护人类的基因组至关重要。

我们必须小心，不要在普通民众中进行WGS以防造成任何伤害。作为一个社会，我们必须确保我们不要基于测试结果创建歧视或遗传等级制度，基因组将来有能力改变医学和公共卫生，但必须谨慎对待。

胚胎中收获干细胞，去除它们的细胞核，然后用患者细胞中的细胞核替换它们。结果产生一批细胞的遗传密码与患者的遗传密码相同。然后，我们可以对这些干细胞进行编程，使其发展成为治疗患者疾病所需的细胞。由于这些细胞与患者的细胞相同，因此免疫系统不会将它们视为异物，可以接受它们。

但是，这并非不存在技术和道德的问题。具有某些生长潜力的胚胎细胞与癌细胞的生长潜力具有相似之处，这引起了人们的关注，即治疗性克隆的细胞实际上可能会失控生长并引起癌症。道德辩论涉及创建胚胎的唯一目的是将其用作细胞来源。一旦达到其目的，胚胎便被破坏。这是对生命的公然无视吗？

将来，使用永生的多能干细胞（iPSC）可能会克服这种道德困境。iPSC来自成年细胞，包括一种血细胞以及从活检样本中获得的肝和皮肤细胞，并将它们重新编程为干细胞，然后科学家可以指示它们分化为所需的细胞类型。此外，分娩时抽出的脐带血中含有干细胞，可用于治疗性克隆。实际上，使用这种方法治疗白血病、淋巴瘤等血液癌在前期已经取得成功，为该领域希望的未来铺平了道路。

词汇表

脂肪组织——疏松的结缔组织以脂肪的形式存储能量，以及绝缘和缓冲身体。

等位基因——控制一个特定性状的基因的变体形式。

氨基酸——氨基酸是"α-氨基羧酸"的缩写，是由碳、氢、氧和氮以及每个氨基酸独特的叫变R基团或侧链组成的有机分子。

常染色体隐性遗传疾病——发生在隐性基因中的DNA编码错误引起的疾病，并由父母双方传递。

染色体非整倍性——与通常的46条染色体数目不同。

染色体——在细胞核内发现的结构，包含紧密缠绕在称为组蛋白的特殊蛋白质周围的DNA链。

密码子——在蛋白质合成过程中定义特定氨基酸或终止或起始信号的三个DNA或RNA核苷酸序列。

胶原——胶原蛋白是人体中最丰富的蛋白质，存在于结缔组织、肌肉、血管、骨骼、软骨、肌腱和韧带等部位。

细胞质——细胞内部的凝胶状填充物，其中的有各种细胞器：细胞核、内质网、高尔基体和线粒体。

DNA——脱氧核糖核酸是在基因中发现的可遗传物质。它是一个分子，由沿着糖磷酸酯主链的两个核苷酸碱基链组成，并组装成双螺旋结构。

内质网——在真核细胞的细胞质中以扁平囊的形式发现这种连续膜系统，可以有效地制造和包装蛋白质。

表观遗传学——对DNA的化学修饰及其对基因组的影响的研究。

外显子——核苷酸序列编码蛋白质的部分。外显子仅占遗传密码的2%。它们被统称为外显子组。

真核生物——通常是具有组织核或带有核被膜的细胞器的大细胞。

原纤维——超卷和缠绕纤维。

成纤维细胞——大而扁平的纺锤形细胞，是结缔组织的主要活性细胞。

基因——由DNA组成，基因作为遗传单位，是位于染色体上特定位置的特定核苷酸线性序列。

基因表达——确定何时，何地以及多少蛋白质产生的过程。

基因库——组成特定人群的每个人的基因目录。

遗传学——对遗传性和由DNA从一代传给下一代的特征的研究。

遗传密码——DNA中包含的一组指令，用于所有生物构建生命的基本组成部分：蛋白质。

遗传变异——遗传密码中的随机变化。

高尔基体——真核细胞中发现的细胞器，像内质网一样，可以修饰、分类和包装蛋白质。

血红蛋白——一种蛋白质，可在人体周围运输氧气以及其他化学物质和化合物。

异质性——细胞或个体内存在一种以上的线粒体DNA。

杂合子——具有两个不同的等位基因。

纯合子——具有两个相同的等位基因。

内含子——核苷酸序列的"垃圾"或非编码部分，RNA翻译成蛋白质之前被剪切掉。

大分子——包含数千个或更多原子的非常大的分子。

减数分裂——细胞分裂和繁殖导致产生四个称为配子的子细胞，每个子细胞包含的染色体数目是母细胞的一半。在此过程中，会分裂成两部分。

微生物组——被称为"第二基因组"，这是居住在我们体内的数十亿种微生物的统称。

微卫星——非常短的DNA片段，长2~5个碱基，串联部分重复，比小卫星更能精确地用于DNA谱分析。

小卫星——DNA序列重复多次的遗传密码部分，最多重复50次。重复的次数对每个人来说都是唯一的，除了同胞兄弟姐妹之外，并且可以用作识别个人身份的条形码。它通常用于DNA分析。

线粒体——细胞内的细胞器，为细胞提供最大输出所需的能量。细胞包含1,000~2,000个线粒体，具体取决于其能量需求。

有丝分裂——细胞分裂和繁殖导致原始细胞的产生两个精确的复制品，包含相同数量的染色体。

自然选择——当新的身体特征比其他特征更有利于生存时。存在三种类型：稳定、定向和破坏性。

核苷酸碱基——DNA中有四种类型的碱基：嘌呤类——腺嘌呤（A）和鸟嘌呤（G）；和嘧啶类——胞嘧啶（C）和胸腺嘧啶（T）。它们以碱基对AT和CG的形式发现，并以某种方式排在一起形成双螺旋。在RNA中，不是核苷酸碱基的胸腺嘧啶（T），而是尿嘧啶（U）。RNA的碱基对是AU和CG。

专职携带者——遗传了遗传病原体但自身未必表达病情的人。

癌基因——负责控制正常细胞生长和分裂的一组基因。

细胞器——在细胞内执行特定功能的微小结构，例如线粒体、叶绿体和细胞核。它们通常被自己的膜包围。

致病变异——导致变异蛋白的构建，甚至阻止蛋白的合成，并导致遗传疾病的遗传变异。

多基因——涉及多个基因。

聚合酶——一种酶，用于制造DNA和RNA链。

多肽链——建立一个成熟的蛋白质分子所需的基本结构，该蛋白质分子由通过肽键连接在一起的氨基酸组成。

原核细胞——非常小的细胞，其中的DNA没有组织在细胞核内，并且通常没有细胞器。

放射性碳测年——是一项技术，可以告诉我们古代物体的年龄，通过计算其中有机物中碳14的衰变量进行推测。

外显率降低——当某人具有引起疾病的遗传变异，但他们却没有出现这种病症。

生殖适合度——个体在繁殖/生殖方面的成功。

核糖体——微小的颗粒，包含RNA和相关蛋白，按照信使RNA分子的信息将氨基酸连接在一起。

RNA——核糖核酸，简单地说，用于将DNA的遗传信息转化为蛋白质。

SNP——单核苷酸多态性或"片段"，指基因组中特定位置的不同形式的碱基。SNP具有影响蛋白质功能效率的能力。

剪接体——在RNA内寻找起始和终止序列的细胞机器。

转录因子——引起DNA转化为RNA的蛋白质。

参考文献

Carey, Nessa (2019). *Hacking the Code of Life: How gene editing will rewrite our futures.* Icon Books Ltd

Carey, Nessa (2015). *Junk DNA: A Journey Through the Dark Matter of the Genome.* Icon Books Ltd

Carey, Nessa (2012). *The Epigenetics Revolution: How Modern Biology is Rewriting Our Understanding of Genetics, Disease and Inheritance.* Columbia University Press

Darwin, Charles (2017). *On the Origin of Species.* Macmillan Collector's Library

Dawkins, Richard (2006). *The Selfish Gene.* OUP Oxford

Dawkins, Richard (1986). *The Blind Watchmaker.* Longman

Doudna, Jennifer and Sternberg, Samuel (2017). *A Crack in Creation: The New Power to Control Evolution.* Bodley Head

Epstein, David (2014). *The Sports Gene: Talent, Practice and the Truth About Success.* Yellow Jersey

Firth, Helen and Hurst, Jane (2017). *Oxford Desk Reference: Clinical Genetics and Genomics.* OUP Oxford

Harari, Yuval Noah (2014). *Sapiens: A Brief History of Humankind.* Harvill Secker.

Harper, Peter (2017). *Practical Genetic Counselling.* CRC Press

Jones, Steve (1996). *In the Blood: God, Genes and Destiny.* HarperCollins

Jones, Steve (1993). *The Language of the Genes.* HarperCollins

Metzl, Jamie (2019). *Hacking Darwin.* Sourcebooks

Mukherjee, Siddhartha (2016). *The Gene: An Intimate History.* Bodley Head.

Ramakrishnan, Venki (2018). *Gene Machine: The Race to Decipher the Secrets of the Ribosome.* Oneworld Publications

Reich, David (2018). *Who We Are and How We Got Here: Ancient DNA and the new science of the human past.* OUP Oxford

Ridley, Matt (2003). *Genome: The Autobiography of a Species in 23 Chapters.* Us Imports

Ridley, Matt (2000). *Genome: The Autobiography of a Species in 23 Chapters.* HarperCollins

Roberts, Alice (2018). *Evolution: The Human Story.* DK

Roberts, Alice (2014). *The Incredible Unlikeliness of Being: Evolution and the Making of Us.* Heron Books

Russel Wallace, Alfred and Berry, Andrew (2014). *The Malay Archipelago.* Penguin Classics; UK ed.

Rutherford, Adam (2016). *A Brief History of Everyone Who Ever Lived: The Stories in Our Genes.* W&N

Strachan, Andrew (2015). *New Clinical Genetics.* Scion Publishing Ltd.

Turnpenny, Peter and Ellard, Sian (2017). *Emery's Elements of Medical Genetics.* Elsevier

Watson, James; Berry, Andrew and Davies, Kevin (2017). *DNA: The Story of the Genetic Revolution.* Knopf Publishing Group